考古学からみた
北大キャンパスの
5,000年

ようこそ、北大キャンパスの「地底世界」へ

　東西約1.2km、南北約2.4kmの北大札幌キャンパス。全国有数の広さを誇るこのキャンパスは、ほぼ全域が埋蔵文化財包蔵地、つまり遺跡に指定されています。札幌キャンパスの大部分はK39遺跡、北キャンパスの一部西側はK435遺跡、そして附属植物園はC44遺跡と呼ばれます。これらの遺跡からは、約5,000年前以降、この地に暮らした人々の生活の跡がみつかっています。

　北大札幌キャンパスからは、その名も「北大式」と呼ばれる土器も発見されています。この名称は、北大キャンパス内で最初にみつかった土器が基準資料として設定されたことに由来します。大学名を冠した土器型式は、国内はもちろん、おそらく世界的にも他に例がありません。北大式土器が利用されたのは5世紀から7世紀ごろ。本州では古墳文化中期から後期にあたるこの時期に、北海道では狩猟採集漁労を主たる生業とする続縄文文化が展開されていました。その後、13世紀まで続く擦文文化、さらにそれに続くアイヌ文化と、本州とは異なる文化伝統が展開されてきました。北大札幌キャンパスの足元には、これらの文化の痕跡が「地底世界」として留められています。

　この本は北海道大学総合博物館で令和元年（2019年）夏に開催される企画展示「K39：考古学からみた北大キャンパスの5,000年」展を機に編まれたものです。本書を通して、北大札幌キャンパスに眠る「地底世界」と、そこに生活した人々の営みを知ることができます。明治時代以降、この地は北大のキャンパスとして、教育研究の場となっています。しかし、かつては漁労の場や、キャンプサイト、集落、墓地でもありました。北大に遺跡があることさえ知らなかった、という方も、ここから北大キャンパスに生きた人々の息吹をぜひ感じ取っていただきたいと思います。

北海道大学総合博物館　館長　小澤丈夫

目次

ようこそ、北大キャンパスの「地底世界」へ　2

人類史と「埋文」日常業務　5

北大札幌キャンパスの主な調査地点　6

北大キャンパスの立地と遺跡　9

縄文中期〜続縄文前半期（約5,000〜1,900年前）　21

続縄文後半期（約1,900〜1,300年前）　33

擦文期（約1,300〜800年前）　47

アイヌ文化期（約800〜150年前）　67

近代〜現代：「北大」を発掘する（約150年前〜）　73

生業の変遷と多様性　81

黒色炭素からみた火の利用　44

これからの大学埋蔵文化財センター　79

人類史と「埋文」日常業務

　ハガジーこと芳賀忞は、北大に自生するエンレイソウを研究し、その染色体の特性を利用して細胞遺伝学の研究に大きな足跡を残しました。ビックサイエンスの成果ばかりが喧伝されるような昨今の風潮のなかで、暑中に一陣の涼風を得たようなエピソードが北大にあることに北大人としてホッとします。日々の生活、足元を見つめることの大切さ、その文字どおりのことが考古学にもいえそうです。

　北大札幌キャンパスはその全域が「周知の埋蔵文化財包蔵地」として遺跡台帳に登載されています。埋蔵文化財包蔵地とは文化財保護法で使用されている法律用語です。そこで地下を改変する工事が行われるのに先立って、「埋蔵文化財の記録の作成のための発掘調査」が実施されます（埋蔵文化財、略して「埋文」といいます）。そのような発掘が緊急調査やレスキュー調査などといわれるのはそのためです。北大埋蔵文化財調査センターも日々その業務に取り組んでいます。しかし、発掘調査を行うきっかけが緊急性のあるレスキューであったとしても、そこで得られる事実が北半球の中緯度地帯でユーラシア大陸の東縁、そこに連なる列島弧の一角の地に残された人類活動を明らかにする、という問題枠組みを用意しておくことが大切です。

　壮大な人類史と聞くと、まずは人類誕生の地アフリカや地球上に人類が拡散した玄関口となった西アジアの地などを思い浮かべるかもしれません。しかし、人類誕生のおおよそ700万年前の時点から、今日北大キャンパスを踏みしめている私たちの現在にいたるまでが人類史であるといった〈知の遠近法〉を用意できるならば、北大キャンパスでの緊急発掘調査で発見された土器や石器も人類史を解明するための貴重な学術資源として、そしてキャンパスの遺跡はかけがえのない地域資源として、輝きだします。

　皆様も本冊を片手に＜人類史としての北大＞の時空に分け入り、その〈輝き〉を探してみてください。

北海道大学埋蔵文化財調査センター　センター長　小杉　康

北大札幌キャンパスの主な調査地点

番号	地点名	出展
❶ ※1	温室	北大構内の遺跡 3
❷ ※1	植物園収蔵庫	北大構内の遺跡 XVIII
❸	旧留学生センター改修	北大構内の遺跡 XXIII
❹	職員厚生施設	北大構内の遺跡 7
❺	学術交流会館	北大構内の遺跡 5
❻	事務局本館屋外排水設備	北大構内の遺跡 XXIII
❼	附属図書館本館南東	北大構内の遺跡 XIV
❽	管理棟	北大構内の遺跡 XXIV
❾	本部裏	北大構内の遺跡 XII
❿	附属図書館本館再生整備	北大構内の遺跡 XIX
⓫	事務局非常用	北大構内の遺跡 XXIII
	自家発電設備	
⓬	人文・社会科学	人文・社会科学
	総合教育研究棟	総合教育研究棟地点I, II
⓭	附属図書館本館東	北大構内の遺跡 XIX
	防火水槽	
⓮	附属図書館本館東	北大構内の遺跡 XIX
	周辺道路	
⓯	附属図書館本館北東	北大構内の遺跡 XIII
⓰	南キャンパス理学部	北大構内の遺跡 XXIV
⓱	地球環境科学研究科	北大構内の遺跡 11
	研究棟第1	
⓲	地球環境科学研究科	北大構内の遺跡 XII
	研究棟第2	
⓳	畜産製造実習室新営工事	北大構内の遺跡 XVIII
⓴	共同溝	北大構内の遺跡 2
㉑	中央キャンパス教育学部北	北大構内の遺跡 XXVII
㉒	ゲストハウス	北大構内の遺跡 10
㉓	ポプラ並木東地区	北大構内の遺跡 5
㉔	共同溝中央道路	北大構内の遺跡 10
㉕	弓道場	北大構内の遺跡 XV
㉖	薬用植物園西	北大構内の遺跡 XXI
㉗	バンデグラフ加速器室南	北大構内の遺跡 XIII
㉘	薬学部ファーマサイエンス	北大構内の遺跡 XXI
	研究棟	
㉙	工学部共用実験研究棟	工学部共用実験
		研究棟地点
㉚	薬学部研究棟	北大構内の遺跡 XVI
㉛	応用電気研究所	北大構内の遺跡 1
㉜	南キャンパス研究棟B棟北	北大構内の遺跡 XVIII
㉝	総合研究棟（機械工学系）	報告準備中
㉞	工学部J・I棟間	北大構内の遺跡 XII
㉟	医学部陽子線研究施設	北大構内の遺跡 XX
㊱	大学病院雨水排水	北大構内の遺跡 XXI
	施設整備	
㊲	桑園国際交流会館	北大構内の遺跡 11

番号	地点名	出展
㊳	農学部実験実習棟	北大構内の遺跡 XXII
㊴	医学部百年記念館	北大構内の遺跡 XXVI
㊵	創成科学研究棟等	北大構内の遺跡 XIV
	新営電気設備工事予定地	
㊶	大学病院ゼミナール棟	北大構内の遺跡 XXI
㊷	医学部地区雨水排水	北大構内の遺跡 XXII
	施設整備	
㊸	グローバル教育棟新営工事	北大構内の遺跡 XXII
㊹	大学病院パワーセンター	北大構内の遺跡 7
㊺	学生部体育館	北大構内の遺跡 6
㊻	通年型競技施設	北大構内の遺跡 XVIII
㊼	北キャンパス道路（南地区）	北大構内の遺跡 XVIII
㊽	人獣共通感染症	北大構内の遺跡 XXII
	研究拠点施設	
㊾	創成科学研究棟南	北大構内の遺跡 XIV
㊿	北キャンパス道路（北地区）	北大構内の遺跡 XVIII
51	第2農場倉庫	札幌市文化財
		調査報告書69
52	工学部核磁気共鳴装置	北大構内の遺跡 6
	研究棟	
53	更衣室	北大構内の遺跡 XVII
54	遺跡保存庭園	北方文化研究報告 10
55	獣医学研究科大動物実験	北大構内の遺跡 XXIV
	研究施設	
56	獣医学研究科化学物質	北大構内の遺跡 XXIV
	暴露・感染実験施設	
57	サッカー・ラグビー場	北大構内の遺跡 XIV
58	サークル会館	北大構内の遺跡 1
59	西門	北大構内の遺跡 XII
60	恵迪寮	サクシュコトニ川遺跡
61	エルムトンネル	札幌市文化財
		調査報告書65
62	北キャンパス総合研究棟	北大構内の遺跡 XIX
	6号館	
63	国際科学イノベーション	北大構内の遺跡 XXII
	拠点施設	
64 ※2	馬術部馬道	北大構内の遺跡 XIII
65 ※2	南新川国際交流会館	北大構内の遺跡 XVIII
66 ※2	馬術部馬場フェンス	札幌市文化財
		調査報告書63
67 ※2	南新川国際交流会館外構	北大構内の遺跡 XIX
68 ※2	南新川独身寮	北大構内の遺跡 XVI

※1：C44遺跡、※2：K435遺跡、その他はK39遺跡

現代の北大札幌キャンパス

北大キャンパスの立地と遺跡

北大札幌キャンパスは扇状地の端から沖積低地に移行する場所に位置する。水環境に恵まれ、約5,000年前以降人々に利用されてきたこのキャンパスは、ほぼ全域が遺跡に指定されている。

遺跡の上にあるキャンパス

　札幌市の埋蔵文化財包蔵地分布図をみると、北大の札幌キャンパスはほぼ全てが「埋蔵文化財包蔵地」であることが分かる。埋蔵文化財包蔵地は埋蔵文化財の存在が知られている土地であり、文化財保護法で保護されている。そのため、国や地方公共団体は埋蔵文化財包蔵地の周知が求められる一方、埋蔵文化財包蔵地で土木工事などの開発事業を行うものは事前の届出と協議が求められている。札幌キャンパスの大部分はK39遺跡、北キャンパスの一部西側はK435遺跡、附属植物園はC44遺跡と呼ばれている。2019年4月の時点で、札幌キャンパスにおける主な調査地点は68カ所に及ぶ（P7参照）。その大部分は北海道大学埋蔵文化財調査センターとその前身の同埋蔵文化財調査室によって調査されたものである。出土した遺物は同センターに収蔵され、一部展示されている。また、主要な調査地点には「人類遺跡トレイル」の看板が設置されており、足元に眠る遺跡の存在を行き交う人々に伝えている。

1. ㊳農学部実験実習棟地点発掘調査の見学実習
2. 人類遺跡トレイルを利用したキャンパス遺跡の解説
3. 札幌市の埋蔵文化財包蔵地分布図（札幌市教育委員会提供を一部加筆・修正）

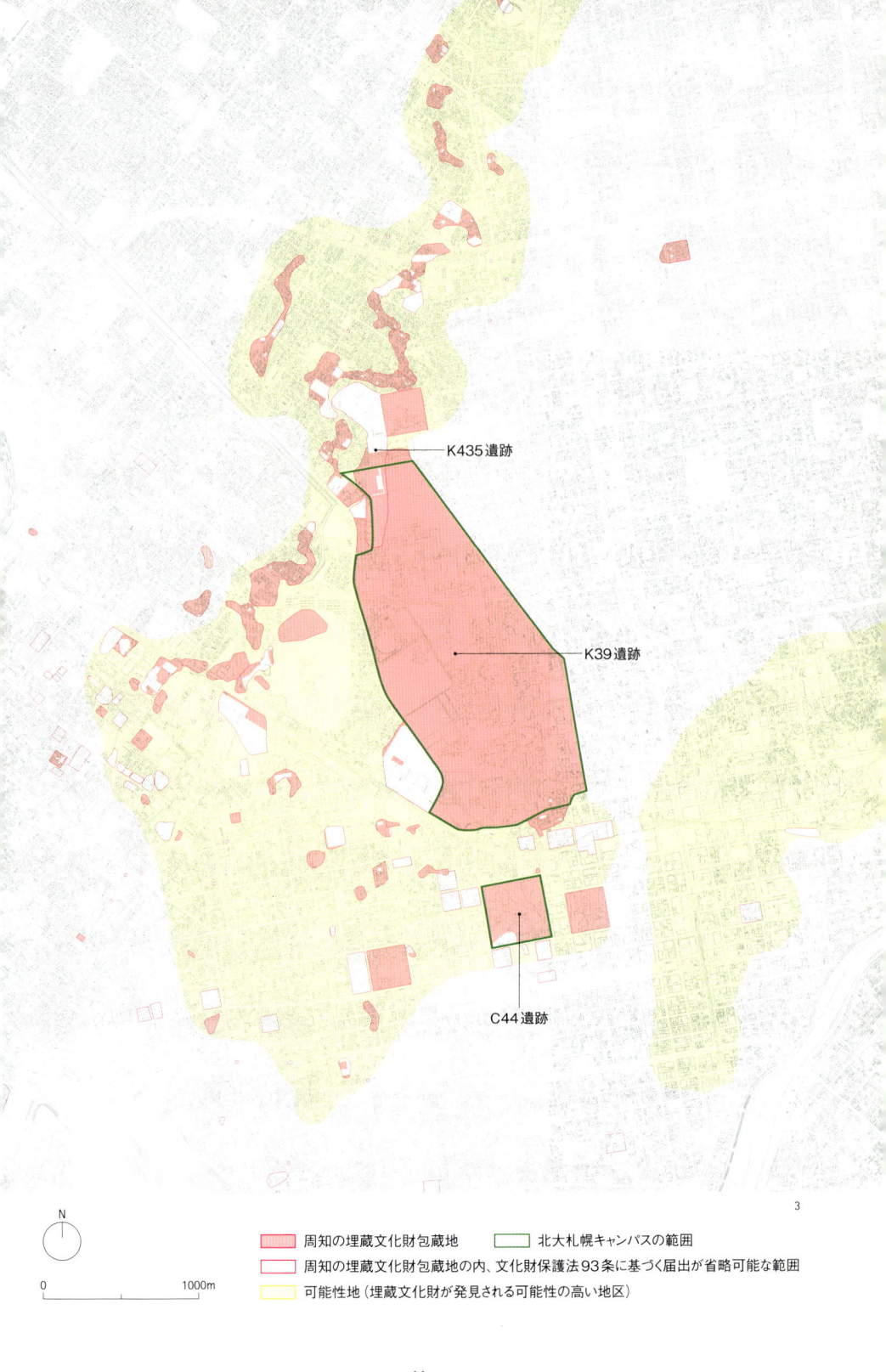

K435遺跡

K39遺跡

C44遺跡

N

0   1000m

周知の埋蔵文化財包蔵地　　　　　　北大札幌キャンパスの範囲

周知の埋蔵文化財包蔵地の内、文化財保護法93条に基づく届出が省略可能な範囲

可能性地（埋蔵文化財が発見される可能性の高い地区）

北大キャンパスの立地

　北大の札幌キャンパスは、「豊平川扇状地・札幌面」の末端から低地に位置する。札幌の地形は大きく市街地西部に広がる西部山地と東部に広がる月寒台地、その間を流れる豊平川が形成した豊平川扇状地、そして扇状地より北側、日本海側の低地に分けられる。また、豊平川扇状地には1万年以上前に形成された東側の平岸面と、それ以降に形成された西側の札幌面がある。この札幌面の形成は豊平川の流路が西から東へ移動するに従って段階的に進んだと推定される。北大キャンパスが位置するその中央部の形成は約4,000～2,000年前とされる。この豊平川扇状地・札幌面が形成される以前のキャンパス周辺は、水はけの悪い低湿地であった。対して、形成された扇状地は安定した水はけのよい傾斜地であったことから、人の活動に適していたと考えられる。人類が北大キャンパスを利用した痕跡は、この扇状地の形成に先んじる縄文時代中期（約5,500～4,500年前）に遡る。キャンパスで最初に利用され始めたのは低湿地の中の微高地と考えられている。

豊平川扇状地の成り立ち（八幡ら（2011）に一部加筆・修正）

1910

1942

——サクシュコトニ川

セロンベツ川——

サクシュコトニ川

　サクシュコトニ川は北大構内を南北に流れる川である。その
由来は、アイヌ語の「サクシュ」(＝浜のほうを通る)・「コトニ」
(＝くぼ地)で、「くぼ地を流れる川のうち豊平川(「浜」をその川
岸と解釈)に最も近い川」と意訳できる。豊平川扇状地の伏流水
が北大植物園北側に湧出した泉(アイヌ語で「メム」)を水源と
していたこの川は、かつて水量が豊富で、1930年代初頭までサ
ケが遡上していたとされる。北大構内の遺跡は、主にこのサク
シュコトニ川とキャンパス西側を流れるセロンベツ川に沿って
発見されており、縄文期以降、アイヌ文化期に至るまで人々の

1973

2019

生活の基盤をなしていた。しかし、1950年代から水量が徐々に減少し、やがて涸れ川となってしまった。札幌の都市化の進行により地下水位が低下し、メムが枯渇したことが原因とされる。現在、中央ローンから大野池に至るサクシュコトニ川の上流部は、北大創基125周年記念事業の一環として札幌市との連携で2004年に再生されたものである。流れている水は藻岩浄水場のろ過池からの放流水ながら、キャンパスの生態系の回復・保全のシンボルとなっている。

北大キャンパスを流れるサクシュコトニ川（1910年、1942年、1973年、2019年）（2019年を除き、北海道大学大学文書館蔵）

北大キャンパスの6つの「地底世界」

　北大キャンパスの足元には6つの「地底世界」がある。土層は最上部がもっとも新しく、最下部がもっとも古い。㉝総合研究棟（機械工学系）地点では、普段私たちが歩いているアスファルトの下に、これを平坦にするために整地された造成層が認められた。第1の地底世界、北大の痕跡である。この造成層の直下（地表下約0.8m）の黒色土層は、擦文期（約1,300～800年前）—この地点ではとくに擦文前期～後期（8～12世紀）—の土層であり、第3の地底世界にあたる。第2の地底世界にあたるアイヌ文化期（約800～150年前）の土層は、造成によって破壊されてしまったためか、ここでは観察できない。その下層はゆるやかな洪水による堆積層が続き、人の活動の痕跡を示す可能性がある黒色土層がときおりはさまれる。地点によって、第4、第5の地底世界にあたるそれぞれ続縄文後半期（約1,900～1,300年前）、縄文晩期～続縄文前半期（約2,500～1,900年前）の遺物や遺構が認められることがある。これまで構内遺跡で検出されたもっとも古い遺物は第6の地底世界にあたる縄文中期（約5,500～4,500年前）のものである。本地点では、地表下約3.8mから下で放射性炭素年代測定によって約5,000年前と推定される黒色土層が検出されており、その上部にも複数の黒色土層が確認できる。このうち最下層の黒色土層などでは火を利用した痕跡が見つかっているものの（P44参照）、第4～第6の地底世界に由来する他の遺物や遺構は検出されていない。

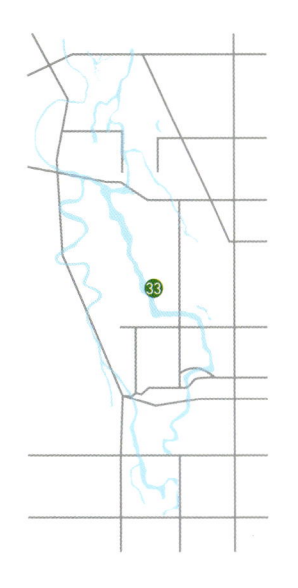

BP5000-0

総合研究棟（機械工学系）地点の
土層セクション

構内遺跡の発見

　北大キャンパスとその周辺に多くの遺跡があることは、明治時代から知られていた。近代日本考古学の父とも呼ばれるエドワード・モースは、明治11年（1878年）に札幌農学校を訪れた際、学校の周辺でいくつものマウンドを見たことを記している。モースが見たマウンドは、本州の古墳文化の影響を受けて北海道で独自に発達した「北海道式古墳」（P58参照）の可能性がある。また、新渡戸稲造らとともに北鳴学校などで活躍した高畑宜一は、旧琴似川沿いに残る竪穴群の分布図を作成してい

1. 旧琴似川流域の竪穴住居跡分布図（高畑宜一作成。札幌市教育委員会蔵に北大札幌キャンパスを加筆）

2. 遺跡保存庭園地点（北大遺跡）の発掘調査（北海道大学大学文書館蔵）

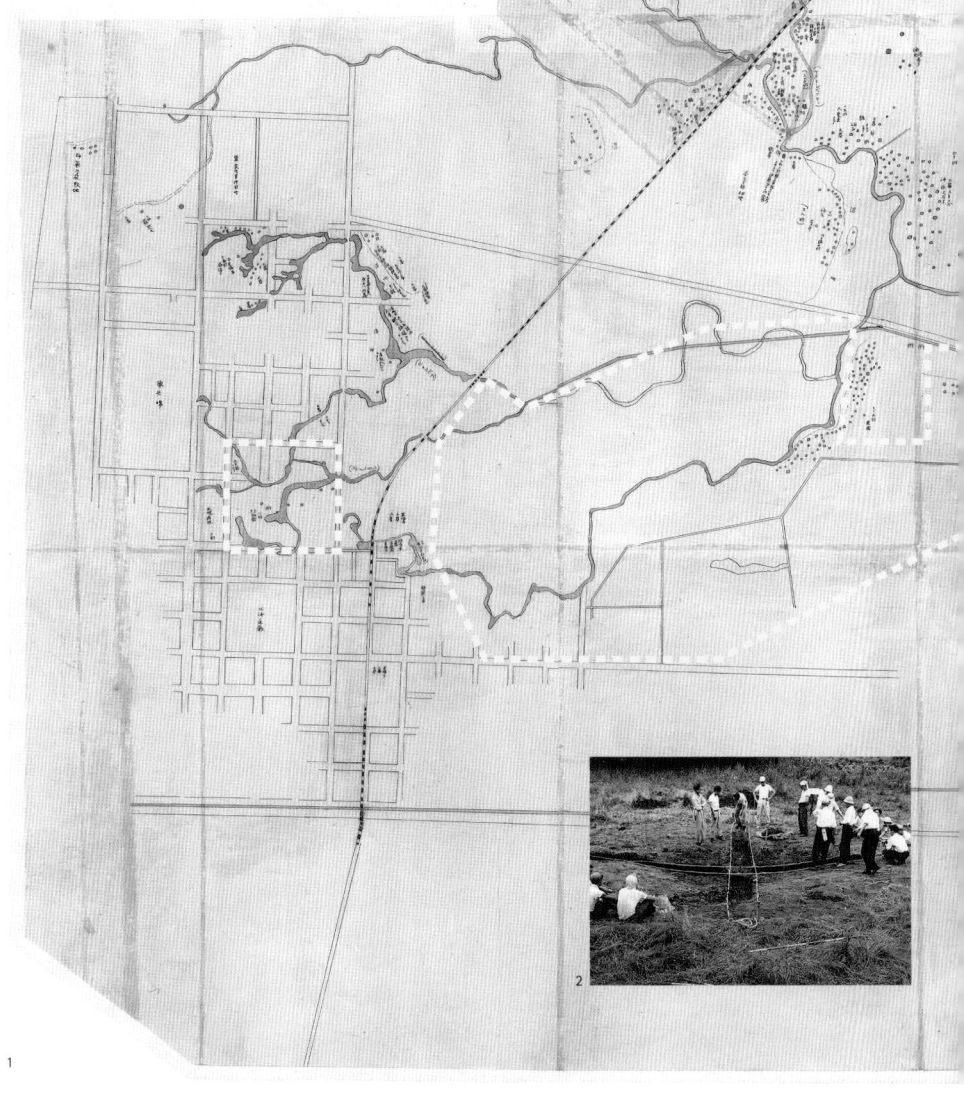

る。明治27〜28年（1894〜1895年）ごろ作成されたこの図には、総数約700軒の竪穴跡が記されている。そのうち、現在の北大キャンパスに関わる部分では、植物園周辺に8軒、遺跡保存庭園周辺に75軒、北キャンパス周辺に42軒が記されている。構内の遺跡で最初に発掘されたのは現在の㊿遺跡保存庭園地点の7基の竪穴住居址で、その調査は1952年に遡る。K39遺跡あるいはC44遺跡、K435遺跡と命名される以前から北大構内の遺跡は注目され、調査されてきたことが読み取れる。（江田）

K39遺跡畜産製造実習室新営
工事地点出土の縄文中期土器

縄文中期〜続縄文前半期（約5,000〜1,900年前）

狩猟、採集、漁労を主な生業とし、定住的な生活が営まれた時期。現北大キャンパスは縄文晩期には川辺のキャンプ地、続縄文前半期には竪穴住居を伴う居住地として利用された。

北大の縄文世界

　北大札幌キャンパスが位置する土地へと、人類が足を踏み入れ、生活を開始したのはいつからか。これまでに発見されていた最古の考古資料は縄文中期や後期の土器である。しかし、その出土状態は全て、埋没河道を埋める堆積土層の中から表面が摩耗した感じの破片としての出土であった（1c〜1g）。そこで生活した縄文の人たちがその場に残した土器ではない。上流のどこかの場所から流されてきて、そこに埋まったものと考えられる。縄文土器は❹人獣共通感染症研究拠点施設地点や❿附属図書館本館再生整備地点、❸グローバル教育棟新営工事地点など4箇所で確認されてきた。2009年、❿畜産製造実習室新営工事地点の確認調査では、現地表面下約3m（標高9.8m）の地層から縄文中期の土器破片が発掘された（1a・1b）。その出土状態はその場に直接的に残された可能性が高いものである。調査の結果を受けて、建設予定の建物は別の場所へと変更された。この地における縄文中期の人類活動の内容の解明はおあずけとなったが、遺跡は破壊からまぬがれた。

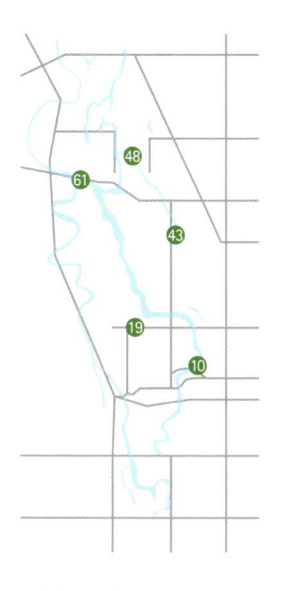

1. 畜産製造実習室新営工事地点（1a・1b）および人獣共通感染症研究拠点施設地点（1c・1d）、附属図書館本館再生整備地点（1e〜1g）出土の縄文土器

2. 現在の畜産製造実習室新営工事地点。縄文中期の土器は地表下約3mからみつかった

23

縄文晩期から続縄文期へ

⓬人文・社会科学総合教育研究棟地点では縄文文化晩期末葉から続縄文期前葉にかけての5枚の文化層が検出された。下層側から14d層（縄文晩期末：タンネトウL期）、14a層（続縄文期初頭：大狩部期）、13b層・12c層・12a層（続縄文前葉：恵山期併行）に属する遺構・遺物が検出された。当時、低湿な沖積地が広がっていた北大札幌キャンパスの周辺では、北流する豊平川やその支流の周辺に網目状にはしる自然水路で毎年繰返される雪解けの洪水によって、土砂の堆積による島状の高まりが徐々に形成された。やがて常時離水する微高地へと発達すると、そこは季節を限定した活動地点から、通年居住が可能な竪穴住居の構築場所へと展開した。人文・社会科学総合教育研究棟地点の5枚の文化層は、そのような自然環境の変化とそれに対応した人類活動の変化の過程を如実にとどめている。

1. 人文・社会科学総合教育研究棟地点の発掘調査
2. 現在の人文・社会科学総合教育研究棟地点。縄文晩期の土器は地下約3mからみつかった

1a　1b　1c　1d

0　　　5cm

縄文晩期の土器

⓬人文・社会科学総合教育研究棟地点の14d層には屋外炉址3基、土坑25基が残されていた。竪穴住居址は発見されておらず、いまだ季節を限定した活動地点であった可能性が高い。屋外炉址とは野外に残された火を焚いた痕跡である。当時の地表面から数cmの深さまで焼き込まれて、赤褐色に変色、硬化している。季節的に河川を遡上するサケ類などを集中的に捕獲して、その近くの微高地状の高まりで火が焚かれ、調理や保存処理が行われたのだろうか。土器の縁（口縁部）には、きつく撚った縄（縄文原体）を水平に押し付けて、横方向にのびる数条の平行線の文様（縄線文）を描きだす。道央の伝統的な土器である（1a）。同時期の東北北部から道南では装飾的な文様が発達した大洞式系統の土器が盛行するが、それを模倣した土器も製作された（1d）。両系統の融合した土器が、水平にのびる2条の刺突文列の間を強くなでつけて浅くへこませた特徴的な文様の土器（1b）や、さらにそれに幾何学的な沈線文様が加えられた複雑な文様の土器（1c）である。

1. 人文・社会科学総合教育研究棟地点出土の縄文晩期の土器（14d層）

1a

1b

1c

0　　　　5cm

続縄文期の初頭の土器

⓬人文・社会科学総合教育研究棟地点の14a層に至り、竪穴住居址が登場する。その数3基、他に屋外炉址110基、土坑7基が検出された。竪穴住居の登場はこの場所での通年居住が可能になったことを示している。ただし主要な生業活動は遡河性魚類の捕獲とその処理であったことが、屋外炉址の多さから想定される。道南では大洞式系統の土器である二枚橋式土器が登場する。器形上半のくびれた部分（頸部）が内側に傾き、そこを無紋に仕上げる。口縁部は外側に強く傾き、縄文地に連弧状の文様を描くのが特徴である。道央ではその土器を模倣製作した土器が作られる（1c）。このような模倣土器の製作を介して、在地系統の土器に異系統の土器の文様や器形の特徴的な形態が取り込まれる（1a・1b）。しかし、道央で製作される土器の量的な主体は縄文晩期同様に、口縁部に数条の平行線を描く文様の土器などの在地系統の土器である。

1.人文・社会科学総合教育研究棟地点出土の続縄文期の初頭の土器（14a層）

BP2500

1

道央の「恵山式土器」

　竪穴住居址の数は12c層に至り7基に倍増する。屋外炉址は10基、土坑は29基であり、そのうちの数基は土坑墓である可能性が高い。通年居住の集落の様相は一層強まる。道南では大洞式系統の土器である二枚橋式土器から恵山式土器が成立する。口縁部の外側への反り返りは弱まり、無紋地の頸部の内傾も弱まり、かつ長くなって、胴部でいったん膨らんでから小さめの底部に移行する独特な器形と文様帯の構成をもった土器である。道央でも同じ土器が作られ、これをもって恵山式土器の分布圏が道南から道央へと拡張したと評価されることがある。両者を比較すると、道央の「恵山式土器」の作りは前段階までの在地系統の土器の技術的な特徴を引き継ぐものが多い。一連の変化の背後に、道南から道央への直接的な人の移動（集団移住など）がどの程度あったのか、今後の研究課題である。

　さらに新しくなると頸部は無紋地から縄紋地へと変わってゆき、やがて器形全体は倒鐘形といったスッキリとしたものへと近づいてゆく。続縄文後半期の後北式土器の登場につながる胎動が始まった。

1.人文・社会科学総合教育研究
　棟地点出土の「恵山式土器」
　（13b・12c・12a層）

続縄文前半期の石器

　続縄文前半期を代表する石器5器種（磨製石斧：1a・1b、石鏃：1c・1d、尖頭器：1e・1f、有柄石器：1g・1h、平玉：1i～1l）である。1aは両面が敲打によって成形され、刃部付近が研磨によって作り出されている。弥生文化に特徴的な「太型蛤刃石斧」に類似する重厚な刃部を特徴とする伐採斧である。1bは全体が打撃による剥離や敲打で成形された後に、全面が研磨された加工斧である。縄文文化の狩猟具の系譜を引き継いだものが石鏃と尖頭器である。2点の石鏃（1c・1d）はともに黒曜石製、基部の違い（凸状・凹状）は矢柄への取り付け方法の違いによる。両面に平坦な二次加工が施された尖頭器（1e・1f）は、先端側が柳葉形、茎部は凸状に作り出される。有柄石器（1g・1h）は特徴的な平面形態から「靴形石器」などと呼称される。縄文晩期以前の万能ナイフである石匙と比べると、大形化して規格性が強くなる。琥珀製の平玉（1i～1l）は、数百個単位で紐に通されて首飾りとなる。副葬品あるいは着装品として墓（土坑墓）からまとまって出土する例が多い。縄文晩期の伝統を強く引き継ぎ、道央以東に主に分布する。

1. ⓬人文・社会科学総合教育研究棟地点出土の石器（14a・12c層）

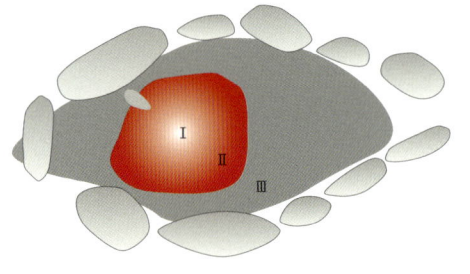

0　　　　　　50cm

屋外石囲い炉址

　屋外炉址の多くのものは、浅く窪んだ地面が赤褐色に焼け込んだだけのもの（地床炉）であるが、その周囲に楕円形の河原石をぐるりと廻らせて埋め込んだものもある。石囲い炉である。地層を平面的に掘り下げて炉址が発見される際には、まず中央部に円く広がる灰色から白色をおびた粘質な土層（I層）が見つかる。もう少し掘り下げると、それを取り囲むように赤褐色（レンガ色）の硬化した土層（II層）が環状に現れてくる。さらにそれを取り囲み小さな炭粒が多く混ざり全体的に黒色を呈する土層（III層）が広がっている。単純化すると内側から白（I）－赤（II）－黒（III）といった平面的な同心円構成である。これを断面でみると、3枚の土層が皿状に重なっていることがわかる。I層は木灰と魚類の焼けた骨の細粉から成っている。II層は火が焚かれた硬化面である。そこから高温な熱が地中へと伝わったIII層には燃料の木材などの木炭細粒が混じり込んでいる。その場で加熱処理が行われたことがわかる。

1. 人文・社会科学総合教育研究棟地点検出の石囲い炉（14a層）

続縄文前半期の竪穴住居址

　定住生活の1つの指標となるものが耐久的な構造の住居である。考古学的に認定する住居は床面と地面との位置関係によって竪穴式・平地式・高床式に区分される。この時期の住居は、竪穴式で平面形が円くなり、壁が緩やかに立ち上がり、周囲に土手をめぐらせる基礎構造である。凸状に長く張り出した入口は、外の冷気を遮断する寒冷地仕様の特徴を示している。上屋を支える主柱はあまり発達せず、壁際をやや細めの柱が廻る架構構造となる。縄文晩期の道東に登場する住居形態・構造の伝統を引き継ぐ。本地点では河川の氾濫による土砂の供給・堆積が速いために、住居にともなう土手構造が良好な状態で遺存している。発掘調査では柱や梁、垂木などの架構材や屋根を葺いた材が炭化した状態で発見されることも多い。地面から立ち上がる屋根面には、途中まで土が覆いかぶせられていた事例もある。（小杉）

1.⓬人文・社会科学総合教育研
　究棟地点検出の続縄文前半期
　の竪穴住居址（12c層）

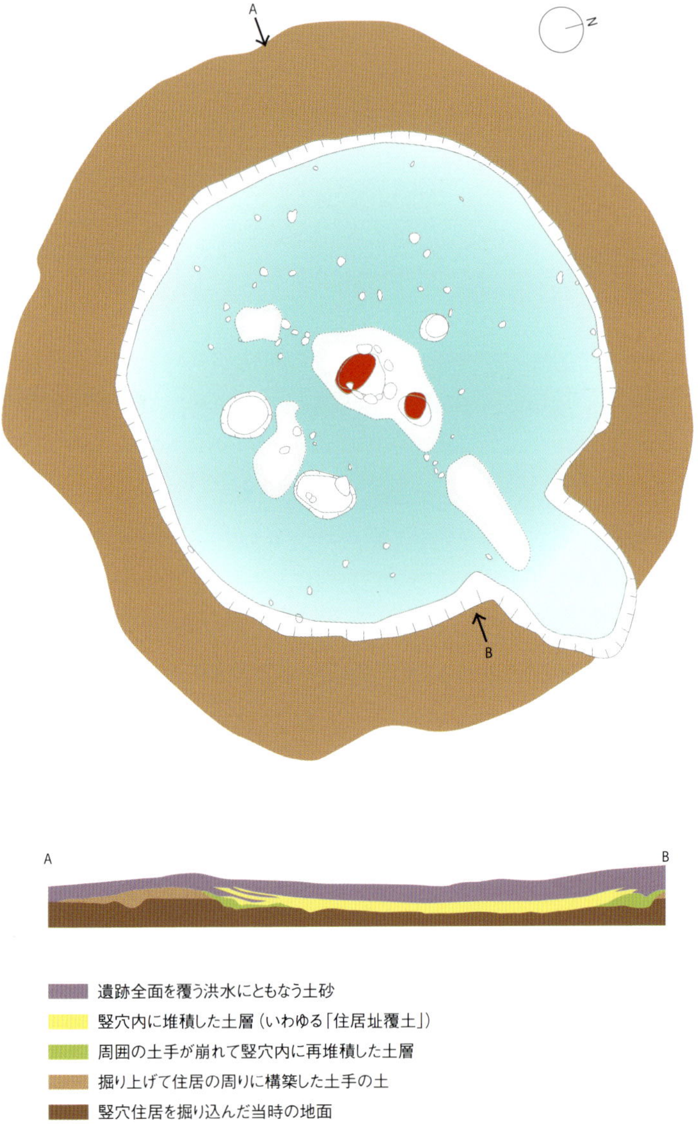

■ 遺跡全面を覆う洪水にともなう土砂
■ 竪穴内に堆積した土層 (いわゆる「住居址覆土」)
■ 周囲の土手が崩れて竪穴内に再堆積した土層
■ 掘り上げて住居の周りに構築した土手の土
■ 竪穴住居を掘り込んだ当時の地面

K39遺跡工学部共用実験研究棟
地点出土の北大式土器

続縄文後半期（約1,900~1,300年前）

狩猟、採集、漁労を生業の主体とした時期。鉄器が本州から流入して石器の利用が減り、一方竪穴住居が築かれなくなった。現北大キャンパスはキャンプ地や墓地に利用された。

1

続縄文後半期の後北式土器

　およそ1世紀から4世紀頃にかけて残された北大構内の遺跡からは、後北式と呼ばれる土器が発見されている。文様として細い粘土紐の貼り付けや縄文がみられ、古い時期のものから順にA式・B式・C₁式・C₂-D式と細分されてきた。器の形に関しては、深鉢形が最も多く確認されている一方、C₁式以降は片口形や注口形などがみられるようになるのが大きな変化とされている。また分布にも変化が認められ、A式は道央部のみに分布するが、B式以降は分布域が拡大し、C₁式やC₂-D式になると東北地方からも出土するようになる。北大の構内においては、B式が㊶大学病院ゼミナール棟地点、C₂-D式が㊺学生部体育館地点や㊾創成科学研究棟南地点からまとまって発見されている。

2

1. 大学病院ゼミナール棟地点か
   ら出土した後北Ｂ式土器
2. 学生部体育館地点から出土し
   た後北C$_2$-D式土器

1

続縄文後半期の北大式土器

　続縄文後半期のうち、5世紀から7世紀頃にかけて製作されて
いた土器型式のことを北大式と呼ぶ。土器の外面の上部に、竹
管状の工具による連続的な刺突がみられることを大きな特徴と
している。北大式は、北大構内から発見された土器を標準資料
として設定された土器型式であるため、大学名がそのまま名称
に利用されているというとても珍しいものである。北大式は、
Ⅰ式・Ⅱ式・Ⅲ式に細分されており、文様として粘土紐の貼り付
けや縄文が次第に認められなくなるとされている。器の形とし
ては、深鉢形の他に片口形や注口形なども認められる。北大の
構内においては、㉓ポプラ並木東地区地点や㉙工学部共用実験
研究棟地点、㊳農学部実験実習棟地点からまとまって発見され
ている。

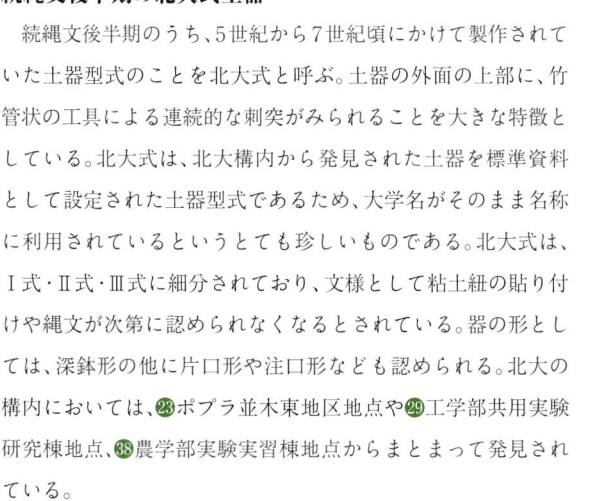

2

1. ポプラ並木東地区地点から出
   土した北大式土器。いずれも深
   鉢形で、I 式に区分される
2. 工学部共用実験研究棟地点か
   ら出土した北大式土器

0   10cm

1a

1b

1c

1d

1e

1f

0　　　　　　5cm

続縄文後半期の石器

　続縄文後半期には、交易による鉄器の流入量が増加した一方で、それに反比例するように石器の種類や製作・使用の頻度は減少していったと考えられている。事実、後北B式土器の頃までは、狩猟具である石鏃や加工具である削器、伐採具である磨製石斧などがまとまってみられるものの、後北C₂-D式土器の頃になると、それらの出土点数は減少し、皮革の皮鞣しに使用されていたと考えられる掻器の比率が増加する。北大式土器の頃には、石鏃・削器・磨製石斧がまったく無くなり、掻器だけが製作・使用されるようになる。北大構内から発見されている続縄文後半期の遺跡においても、こうした石器から鉄器への変化の推移をたどることができる。

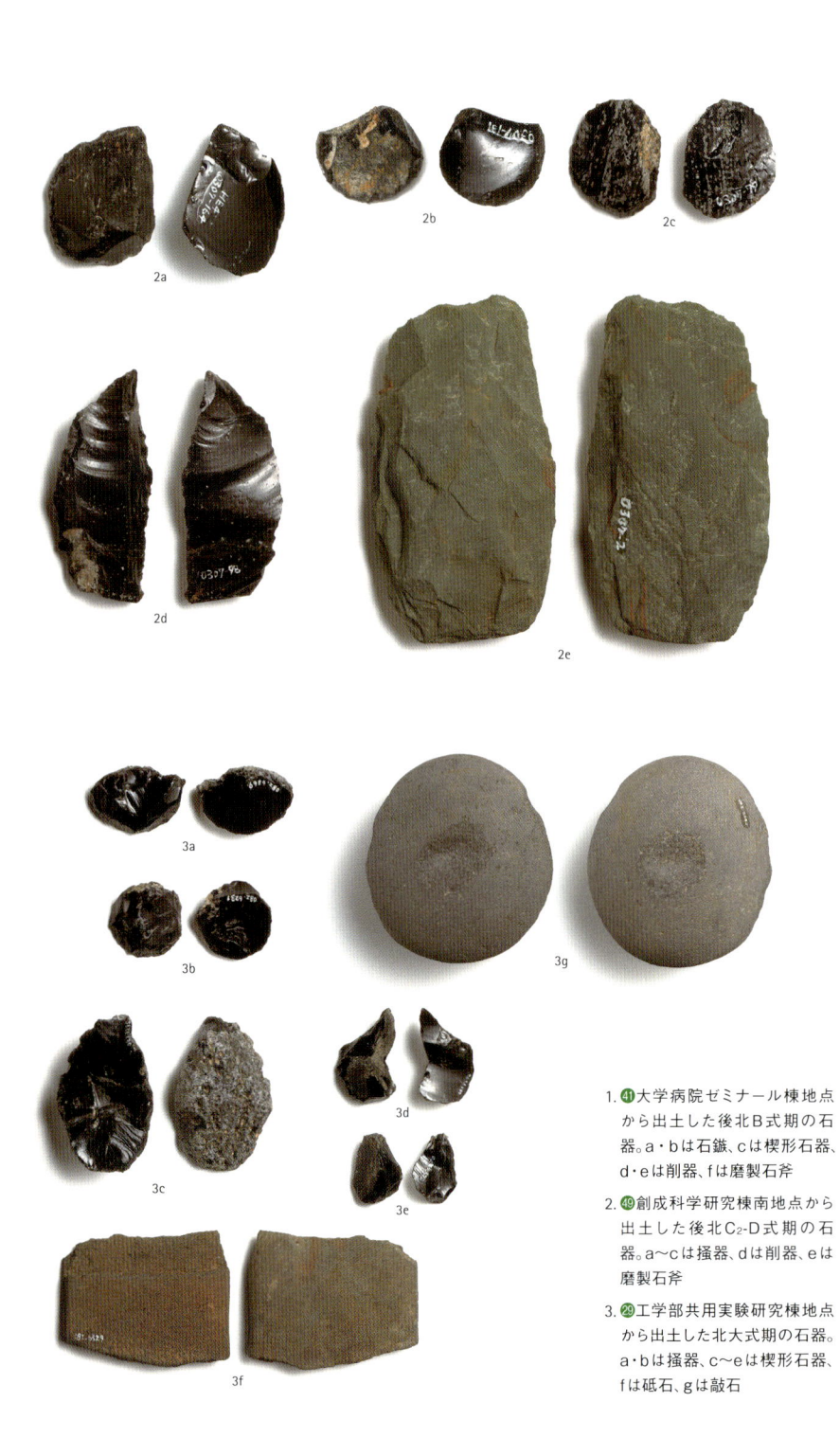

1. ㊶大学病院ゼミナール棟地点
から出土した後北B式期の石
器。a・bは石鏃、cは楔形石器、
d・eは削器、fは磨製石斧

2. ㊹創成科学研究棟南地点から
出土した後北C_2-D式期の石
器。a〜cは掻器、dは削器、eは
磨製石斧

3. ㉙工学部共用実験研究棟地点
から出土した北大式期の石器。
a・bは掻器、c〜eは楔形石器、
fは砥石、gは敲石

1. 人獣共通感染症研究拠点施設
   地点の完掘状況（北にむかっ
   て撮影）。調査区の中央に南東
   から北西方向へむけて河道が
   確認された。この河道は、続
   縄文後半期以降、流水が途絶
   え、次第に湿地化していった

2. 人獣共通感染症研究拠点施設
   地点から検出された河道内で
   の調査状況（西にむかって撮
   影）（2a）。この河道内から流
   木・倒木に混じって木器・木製
   品が出土してきた（2b）

3. 現在の人獣共通感染症研究拠
   点施設地点。写真の木器・木
   製品はこの地下1.7〜3.8mか
   らみつかった

続縄文後半期の木器・木製品

　北大の札幌キャンパス北部にある❹⑧人獣共通感染症研究拠点
施設地点での発掘調査からは、かつて流れていた河川の跡が発
見されてきた。この河道からは流木や倒木とともに、人為的な
加工痕をもつ木器・木製品が発見されている。これらの木器・
木製品は、河川の増水と浸食によって、上流側にあった活動地
点から流されてきたものと推定される。放射性炭素年代測定の
結果、本地点から発見された木器・木製品は、続縄文後半期のも
のであることがわかった。土器や石器と比較すると、有機質で
腐朽しやすい木器・木製品は、発見されること自体が少ない。と
くに当該期のものは珍しい。本地点から発見された木器・木製
品は、水漬けの状態で残されていたために、保存されることに
なったと考えられる。

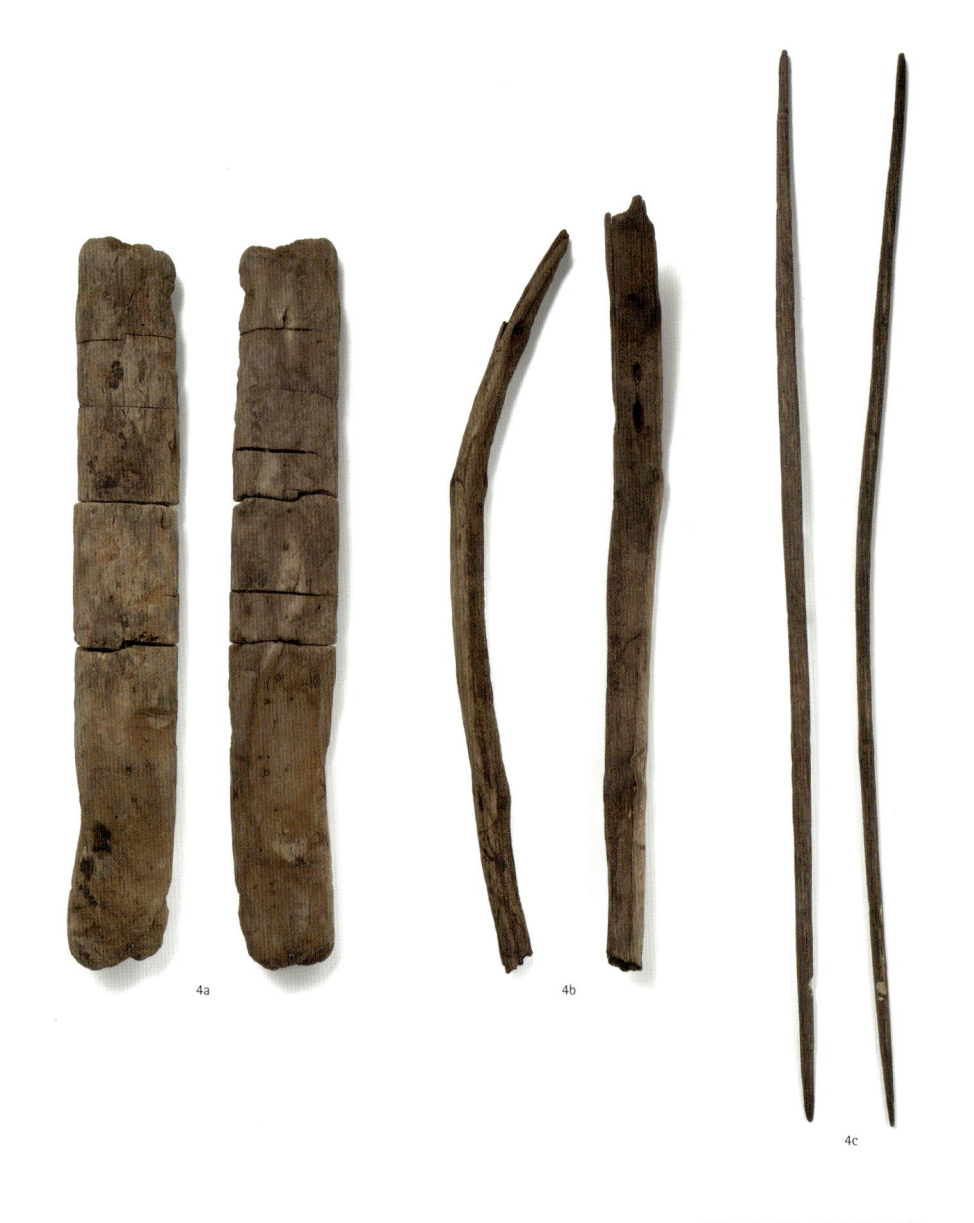

4. 人獣共通感染症研究拠点施設
地点の河道内から出土してきた
木器・木製品。4aはヤナギ属の
丸材、4b・4cは弓状木製品で、
4bはカツラ、4cはハイイヌガヤ
製である

4a

4b

4c

0   10cm

41

続縄文後半期の遺構

　続縄文後半期の遺跡は、いずれも河川に面した低地から発見されている。前後の時期と比較すると、地面を掘り下げて構築する竪穴住居址の利用がきわめて僅かになる点が特色としてあげられる。北大構内の遺跡においても、この時期の竪穴住居址は発見されていない。気候の冷涼化や生業の変化に伴って、定住的な生活から遊動的な生活に転換した可能性が説かれている。この時期の遺跡から発見される遺構としては、炉址、炭化物や焼土粒の集中箇所、そして土坑などがある。地面が熱を受け変色していることで確認される炉址からは、焼けた動物骨（魚類や哺乳類）や炭化した種子（堅果類など）が細かな破片となった状態で発見されることが多く、調理や食事の場となっていた可能性が高いと考えられる。発見された動物骨や種子は、当時の人々の食料事情を知るうえで重要な手がかりになる（P86、P88参照）。

　続縄文後半期における代表的な墓の形式としては、1〜2m程度の範囲の穴を地面から掘り下げ、そこに遺体を埋葬する土坑墓があげられる。㉓ポプラ並木東地区地点では、7基の土坑が発見された。埋葬された遺体は保存されていなかったものの、副葬品と思われるガラス玉や変成岩を素材にした平玉が土坑内から発見されてきたために、それらは墓であると考えられる。土坑のすぐ近くからは炉址も確認されており、埋葬に付随した活動で残された可能性もある。副葬品となっていたガラス玉は、道内で製作されたものではなく、交易によって本州から入手してきたものと考えられている。続縄文後半期における本州との交易のルートを具体的に解明できる貴重な資料である。（高倉）

1. ㉙工学部共用実験研究棟地点の完掘状況（西にむかって撮影）。西側端に埋没河道が発見され、それに面する低地斜面部に北大式期の多数の炉址や土坑が発見された。

2. ㊶大学病院ゼミナール棟地点から発見された炉址。屋外に残されたものと考えられる。熱を受けた範囲の土壌は赤色から濃い紫色に変色している。

3. ポプラ並木東地区地点から発見された3号土坑墓。坑底面と覆土から総計726点の平玉が出土している。

4. ポプラ並木東地区地点の1号土坑墓から出土したガラス玉。外径が10〜11mmで、濃青色を呈する。ソーダ石灰ガラスである可能性が高い。

5. ポプラ並木東地区地点の3号土坑墓から出土した平玉。外径が2〜3mmで、小形の管玉状の素材を分割して製作されたものと推定されている。

2

3

4

0   10mm

5

黒色炭素からみた火の利用

北大札幌キャンパスは豊平川扇状地の末端に位置しており、地下にはサクシュコトニ川とセロンベツ川が運んだ砂泥がうずたかく積もっている。遺跡の発掘の際に切られた地層断面では、淡黄色の砂層の間に灰色のシルト・粘土層や黒色のシルト層が挟まれていることが観察できる。砂層は河川の水の流れにより形成された堆積物であり、黒色のシルト層は人々が生活した地表面で形成された堆積物である。この地層が黒い理由としては、人々が火を利用していたため、燃焼起源物質が堆積物に残されたためと漠然と考えられてきた。

最近の環境分析の進歩により、堆積物中の燃焼起源物質（黒色炭素）の分析が可能になった（1）。この手法を、33総合研究棟（機械工学系）地点の堆積物に適用したところ、黒色層では堆積物中の黒色炭素含有量が顕著に高く、多い層準では２％を超えることが示された（2）。黒色層が黒くみえる理由は燃焼起源物質の存在によることが明らかになった。

黒色炭素の分析は時間と手間のかかる作業を必要とするため、多くの試料を分析することが難しい。他方、堆積物の色については色測計を用いることにより波長の異なる反射光の強さを迅速に測定することができる。各種の色の成分の強さと黒色炭素量を比較したところ、黄色成分の強さと黒色炭素含有量の間に良い相関関係があることが分かった。黄色みの少ない堆積物ほど黒色炭素が多い傾向が認められた（1）。両者の関係式を用いることにより、色の測定値から黒色炭素含有量を推定することができる。この方法を用いて約5,000年前から約1,000年前の堆積物の黒色炭素含有量を１cm刻みで推定することが可能になった（２の黒の実線）。黒色炭素の特に多い層準は約1,000年前の擦文期と約2,000年前の続縄文期に認められたが、約5,000年前の縄文時代中期にも多い層準が認められた。この地では、すでに約5,000年前に人々が火を使い生活していたようである。

現代社会では大気汚染をもたらし悪名高い黒色炭素ではあるが、地層中の黒色炭素は過去の人々の生活の息吹を我々に伝えるメッセンジャーとして有用である。（山本）

1. 黒色炭素の化学構造の例と堆積物黄色み成分の強さと黒色炭素含有量の関係

2. 総合研究棟（機械工学系）地点の約5,000年前から約1,000年前の堆積物に含まれる黒色炭素含有量。赤丸は実測値。黒実線は log b* にもとづく推定値。

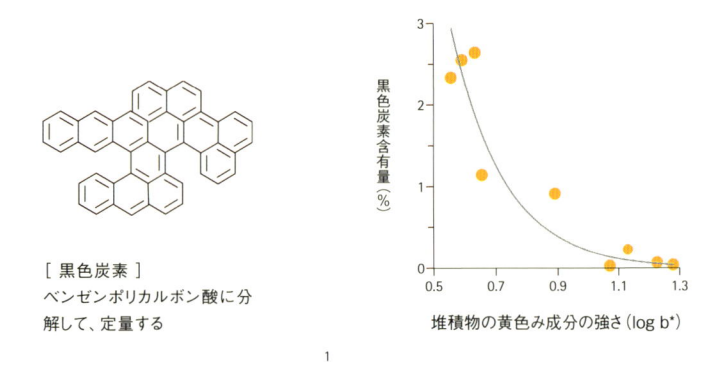

[黒色炭素]
ベンゼンポリカルボン酸に分
解して、定量する

黒色炭素含有量（%）
0
1
2
3
0.5
0.7
0.9
1.1
1.3
堆積物の黄色み成分の強さ（log b*）

1

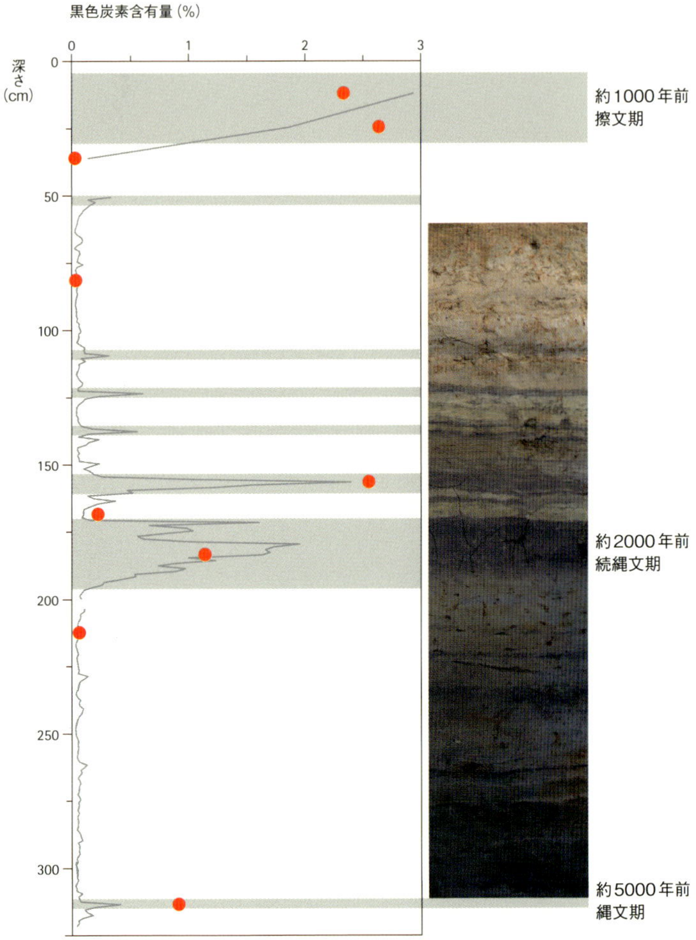

黒色炭素含有量（%）
0
1
2
3
深さ（cm）
0
50
100
150
200
250
300
約1000年前
擦文期
約2000年前
続縄文期
約5000年前
縄文期

2

K39遺跡西門地点出土の擦文土器（甕）

擦文期（約1,300~800年前）

鉄器の一般化や、雑穀の利用頻度の増加、カマドのある竪穴住居の利用等、本州の影響が強まった時期。広く居住地となった現北大キャンパスには、住居址が多数残された。

		3	弥生
BP 5000	続縄文期	4	古墳
		5	
		6	飛鳥
BP 4000		7	奈良
		8	
BP 3000	擦文期	9	平安
		10	
BP 2000		11	
		12	鎌倉
		13	室町・安土桃山
BP 1000	アイヌ文化期	14	
		15	
0		16	
		17	

1a 1b 1c 1d

0   10cm

擦文土器—名前の由来とその変化

　擦文土器は、擦痕状の調整痕が器面で観察される土器で、北
海道の7世紀後半〜13世紀に位置づけられる遺跡から発見さ
れ、いくつかの器種で構成される。戦前、北海道の遺跡では、鋭
利な先端で擦ったような地文（刷毛目もしくは円筒埴輪の調整
痕などと比喩）のある土器が採集されていた一方、擦った地文
以外に沈線文による幾何学的文様が描かれた（当時、刻文と呼
称）土器が発見されていた（新岡1931、河野1935、名取1939）。戦
前の研究では、擦ったような地文が施された土器、幾何学的文
様が描かれた土器を総じて擦文土器と呼称し、多様な器種（甕、
坏、高坏など）があるととらえられていた。現在では、文様施文
および調整の違いは時期差と解明され、北海道の遺跡から出土
する擦文土器の分析で地域差の存在が指摘されている（上野他
1999、塚本2002、榊田2016）。

2

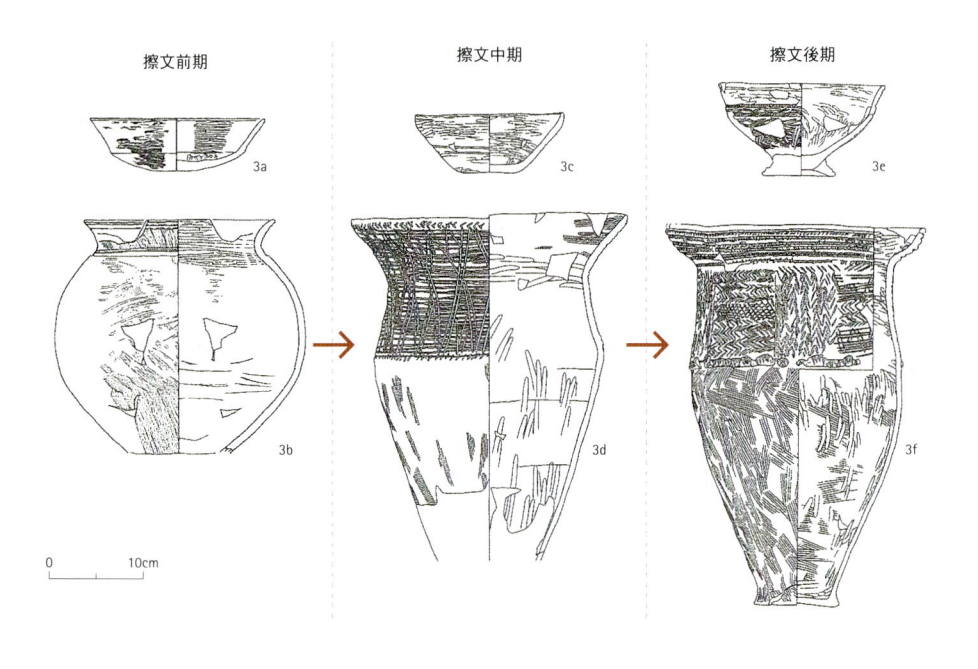

| 擦文前期 | 擦文中期 | 擦文後期 |

推定年代	塚本（2002）論文	上野ほか（1999）論文
約7世紀後半	1期	
約8世紀前半	2期	
約8世紀後半	3期	擦文前期
約9世紀前半	4期	
約9世紀後半〜約10世紀前半	5期	
約10世紀後半	6期	擦文中期
約11世紀前半	7期	
約11世紀後半	8期	
約12世紀前半	9期	
約12世紀後半	10期	擦文後期
約13世紀	11期	

1. 擦文土器の器種、1a：坏（㉟獣医学研究科大動物実験研究施設地点）1b：高坏（㊱南新川国際交流会館地点）1c：甕、1d：小型甕（㉗恵迪寮地点）

2. 擦痕

3. 擦文土器の変遷、3a・3b：⑩附属図書館再生整備地点、3c-3f：㉛エルムトンネル地点、3a・3c：坏、3b・3d・3f：甕、3e：高坏

4. 擦文土器の細別と推定年代

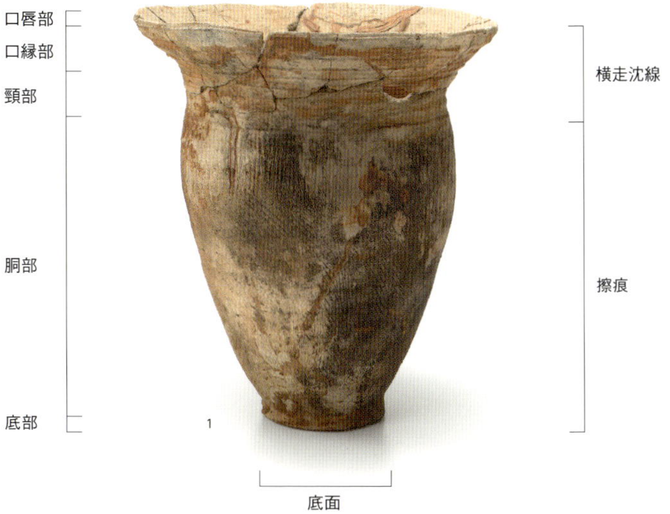

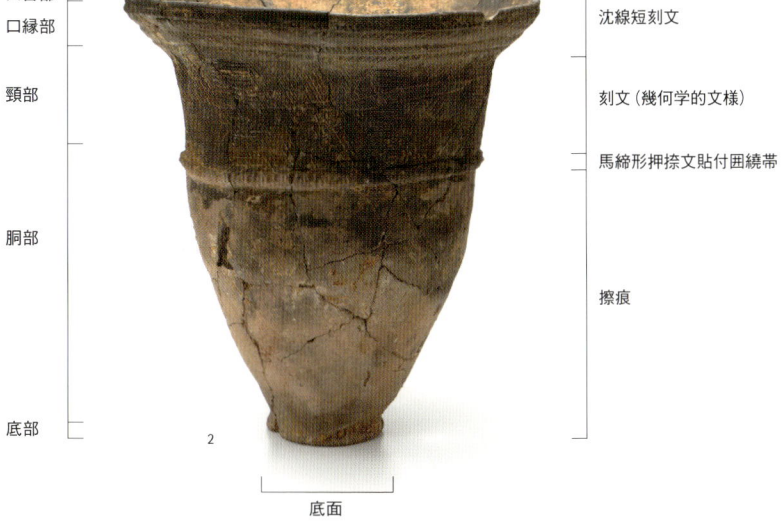

口唇部
口縁部
頸部
胴部
底部
1
底面
横走沈線
擦痕

口唇部
口縁部
頸部
胴部
底部
2
底面
沈線短刻文
刻文（幾何学的文様）
馬締形押捺文貼付囲繞帯
擦痕

0　10cm

1. ⑥⓪恵迪寮地点出土擦文土器（甕）

2. ⑤⑨西門地点出土擦文土器（甕）

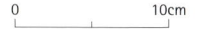

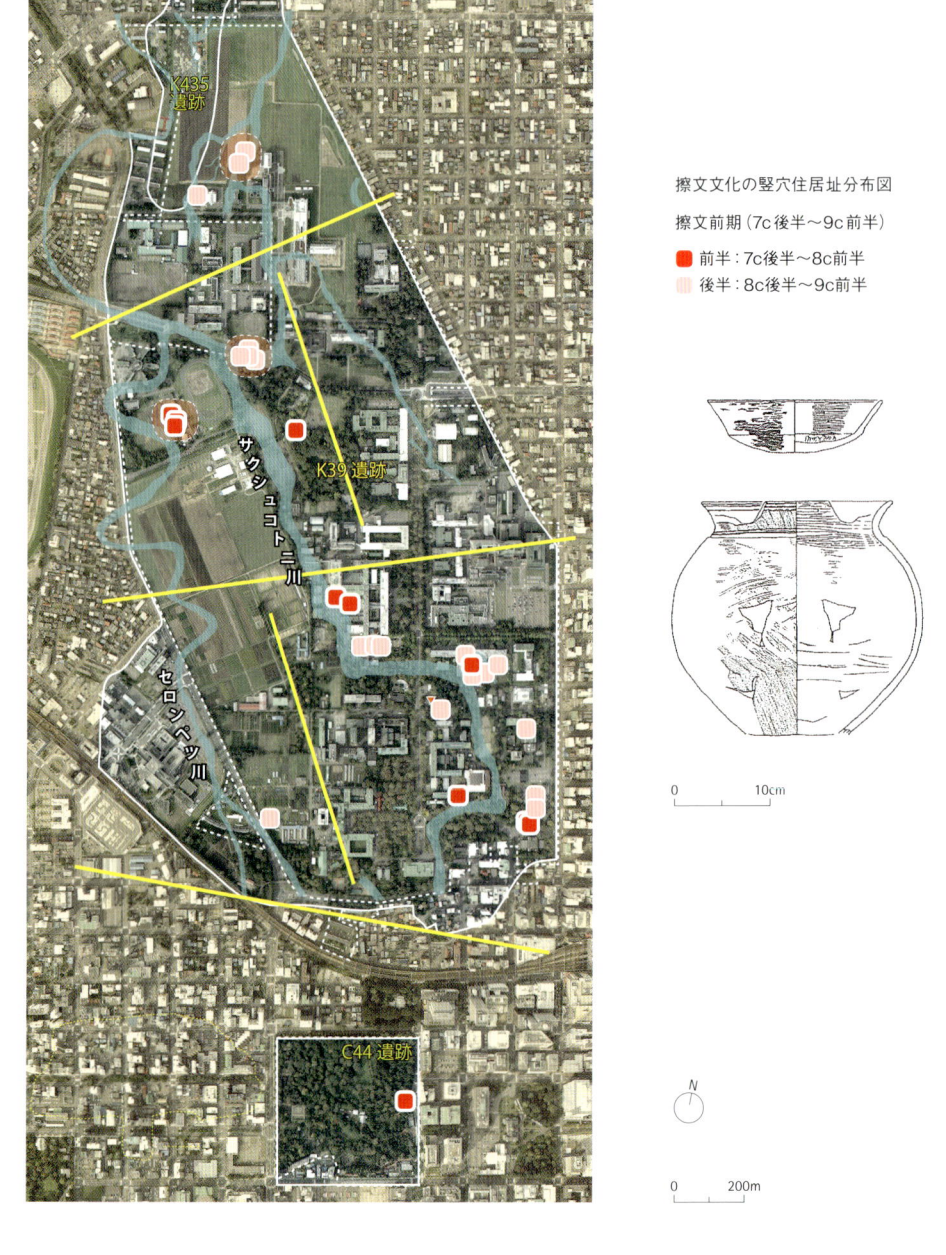

擦文文化の竪穴住居址分布図

擦文前期（7c後半〜9c前半）

■ 前半：7c後半〜8c前半
▨ 後半：8c後半〜9c前半

0　　　　10cm

N

0　　　　200m

擦文期の集落

　構内を流れていたサクシュコトニ川、セロンペツ川沿いでは、擦文期の竪穴住居址が発見されている。両河川沿いおよびそれらの支流沿いの高まりでは、約27地点で、約117基の竪穴住居址を確認している（2019年1月現在）。時期ごとでみると、擦文前期では30基、擦文中期では50基、擦文後期では

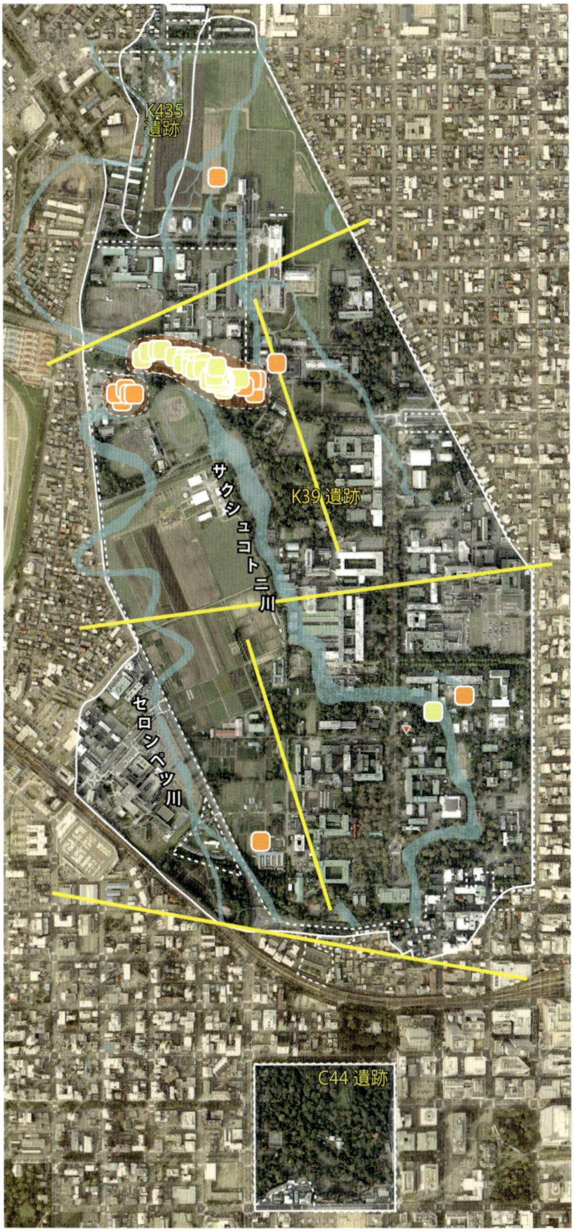

擦文文化の竪穴住居址分布図

擦文中期（9c後半〜11c前半）

 前半：9c後半〜10c前半
 後半：10c後半〜11c前半

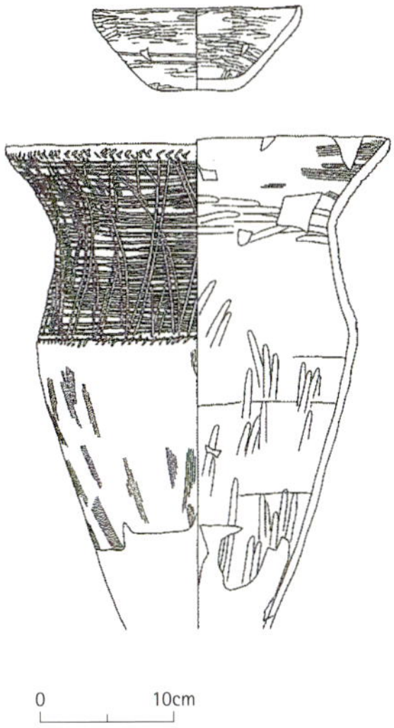

19基が存在した（その他、時期不明18基）。擦文中期で竪穴住居址の累積数がピークに達した後、擦文後期で約半数に減少したといえる。

　構内における竪穴住居址の分布から集落址の場所が推定できる。集落で同時に設営された竪穴住

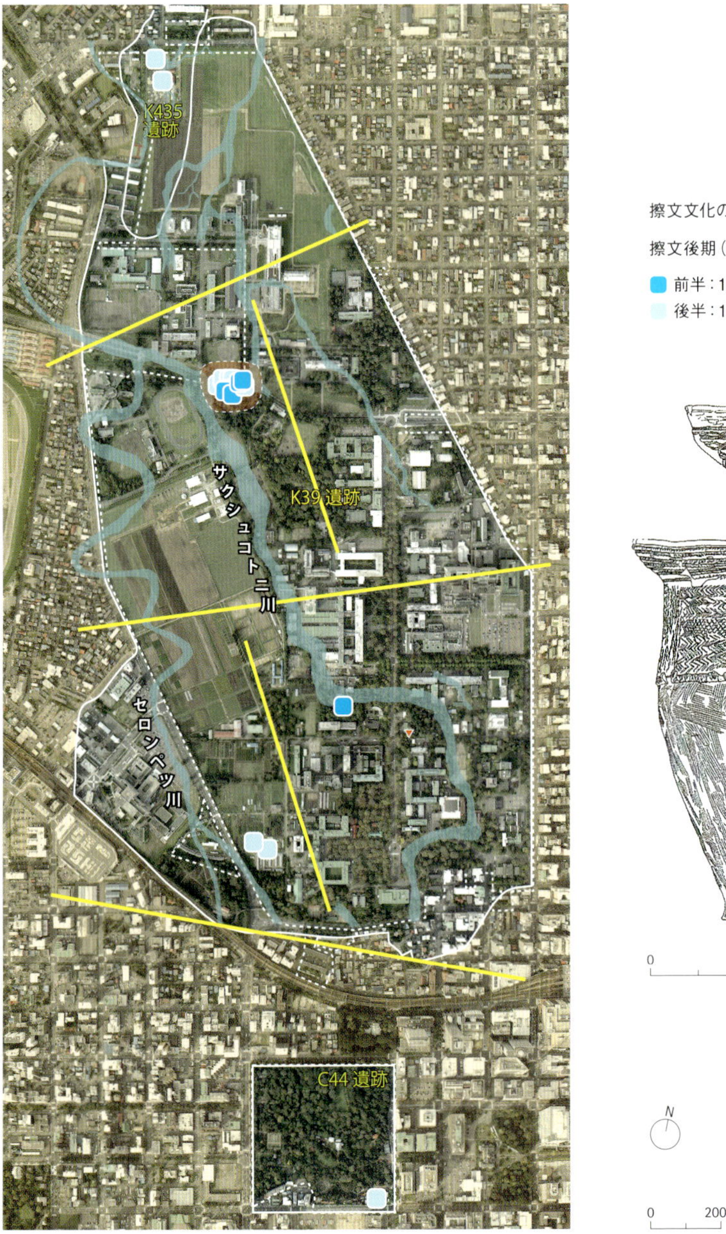

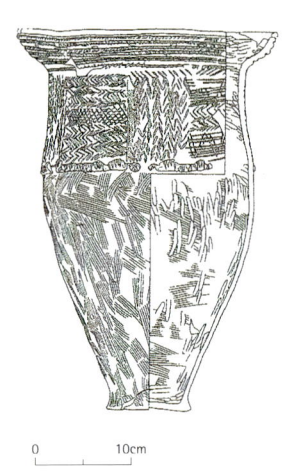

擦文文化の竪穴住居址分布図

擦文後期（11c後半〜13c）

■ 前半：11c後半〜12c前半
■ 後半：12c後半〜13c前半

0 _____ 10cm

0 _____ 200m

居の数は不明確であるが、河川沿いの高まりで2棟〜4棟の竪穴住居によって一集落が形成されてい
たと推測する。河川を遡上するサケ類の捕獲に適した場所を選定して竪穴住居を設営していた可能
性がある。

擦文期の住居

　擦文期の竪穴住居址では、平面が四角形の竪穴、柱穴址、竪穴の一辺で附設されたカマドがみられる。構内の地点では、竪穴規模が約3m四方〜約8m四方の住居が確認されている。何らかの理由で上屋が焼失した竪穴住居址（焼失住居址と呼称）の調査では、竪穴住居の上屋が木材によって作られ、屋根の裾では土がかぶせられていたと推定できる。竪穴住居址の構造では、竪穴の四隅から各々中心に向かって約1m内側で主柱（計4基）が設けられたタイプ、竪穴内に主柱が設けられないタイプの2種類が存在する。主柱が設けられるタイプの竪穴の床面積が大きい傾向がある一方、主柱がみられないタイプの竪穴の床面積は小さい傾向がある。

　❸❽農学部実験実習棟地点第3号竪穴住居址では、南東壁に2基のカマドが確認された。同時に2基のカマドを住居で使用していたのではなく、壊れたカマドを埋めて、その傍らにカマドを設置しなおしたと精査によってとらえられた。その竪穴住居址は改築もしくは補修して再利用されたと考えられる。

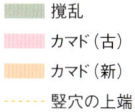

撹乱
カマド（古）
カマド（新）
竪穴の上端

1. ❺❺獣医学研究科大動物実験研究施設地点第1号竪穴住居址（約8m四方と推定）

2. 農学部実験実習棟地点地点第3号竪穴住居址（約5m四方と推定）

3. ❻❷北キャンパス総合研究棟6号館地点の焼失住居址。精査途中で炭化材が発見され、上屋が焼失した状態と推定された（擦文前期前半）

4. 農学部実験実習棟地点で発見された第1号竪穴住居址。竪穴の上端平面はほぼ円形を呈する（直径約4m：擦文後期前半）

.... 竪穴の上端

擦文期のカマド

　平面がほぼ方形の竪穴住居の壁の一辺では、調理施設としてカマドがみられる。擦文期においてカマドは、竪穴住居の形態とともに、東北北部からもたらされた技術の一つである。カマドの調査では、天井部、煮沸用の土器を掛ける掛け口を粘土でドーム状に製作していたこと、火床で木材を燃やすことで発生した煙を屋外に排出する煙道部、煙出部があったことがわかっている。構内で発見されるカマドのほとんどでは、竪穴の壁にトンネルを掘って煙道部を作り、使用していた。しかし、⑩附属図書館本館再生整備地点の第1号竪穴住居址では、側溝状に煙道部を掘ったカマドが確認された。粘土と並べられた板とによって煙道部の上部が封鎖されたような構造のカマドである。構内の遺跡では例外的な形態といえる。北海道内では恵庭市柏木川13遺跡についで2例目である。

　⑥恵迪寮地点では、煮炊き用の甕を下から支えるためにカマド火床で使用された土製支脚が発見されている。東北地方北部の遺跡で同様な支脚がカマドで発見されている。

1. 附属図書館本館再生整備地点
　　第1号住居址のカマド

2. カマドのある風景（イメージ図）

3. 恵迪寮地点で発見された土製支脚

2

3

0　　　　5cm

未調査部分（矢印の方向に全体の約半分が残されている）

1

—— 溝の範囲　　······ 近現代の工事によって削平された範囲　　······ 3の甕の出土位置

調査結果からの推定図

盛り土（墳丘）

溝

2

BP1

「北海道式古墳」

❸医学部陽子線研究施設地点では、2012年、いわゆる北海道式古墳が発見された。北海道式古墳では、上からみるとドーナツ形の溝とその溝の内側にある盛土（墳丘）が一般的にみられる。医学部陽子線研究施設地点ではドーナツ形であった溝の一か所で擦文土器の甕、穿孔された坏とともに、鋤もしくは鍬の先と考えられる鉄製品が確認されている（P60参照）。医学部陽子線研究施設地点では、全体約半分を精査することができた。

58

3

0   5cm

850-1250

残りの半分では埋葬施設が確認できる可能性がある。

　エドワード・シルベスター・モースは、1878年7月に札幌に訪れた際、札幌農学校や農場近くにあった低い塚11基を観察し、スケッチしている。それらの塚は北海道式古墳と推定される。医学部陽子線研究施設地点で確認された北海道式古墳であった可能性がある。

1. 北海道式古墳の確認状況
2. 北海道式古墳（イメージ図）
3. 医学部陽子線研究施設地点出土の甕と坏
4. 現在の医学部陽子線研究施設地点。北海道式古墳はこの地下約0.8mからみつかった。

1

遺跡に持ち込まれた鉄製品と大鍛冶

構内の遺跡では、利用されていた鉄製品、鉄を加工した際に発生する鉄滓が発見されている。構内では、㉟医学部陽子線研究施設地点の北海道式古墳から鋤もしくは鍬の先と考えられる鉄製品が発見、注目されている（P58参照）。(61)エルムトンネル地点では、第37号竪穴住居址で斧の先端（擦文前期）、埋没河道から出土した小刀（擦文後期）などが確認された。埋没河道から出土した小刀では、刃先とともに木柄が残っていて、異なる素材を組み合わせて製作していた道具の多様性が明らかとなった。

小刀の切っ先部分は、鉄鉱石などから金属鉄（銑鉄含む）を製

1. エルムトンネル地点出土の小刀（札幌市教育委員会提供）
2. 医学部陽子線研究施設地点出土の鉄製品
3. 獣医学研究科大動物実験研究施設地点出土の椀形鉄滓
4. 大鍛冶と小鍛冶（イメージ図）

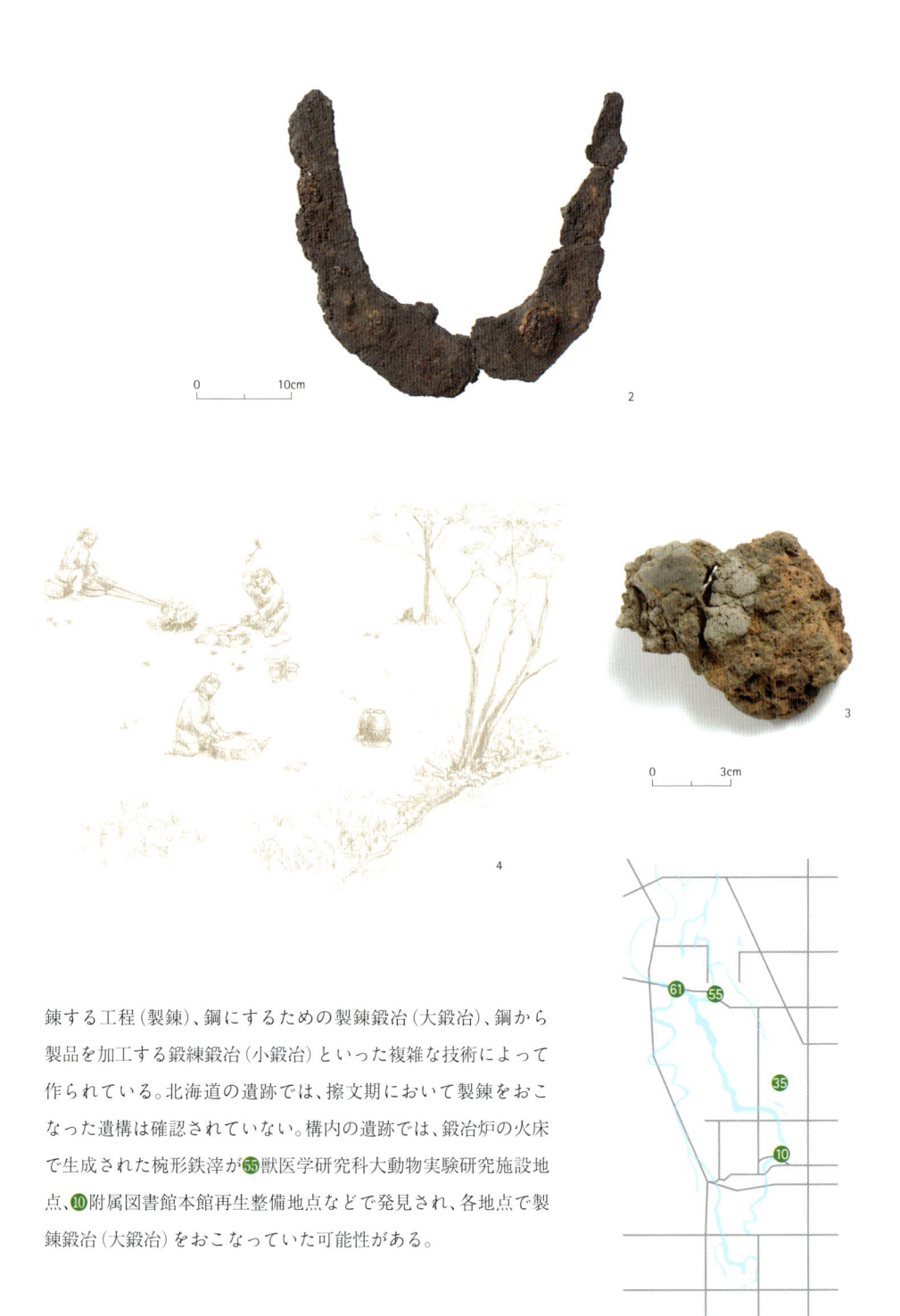

2

3

4

錬する工程（製錬）、鋼にするための製錬鍛冶（大鍛冶）、鋼から製品を加工する鍛練鍛冶（小鍛冶）といった複雑な技術によって作られている。北海道の遺跡では、擦文期において製錬をおこなった遺構は確認されていない。構内の遺跡では、鍛冶炉の火床で生成された椀形鉄滓が⑤⑤獣医学研究科大動物実験研究施設地点、⑩附属図書館本館再生整備地点などで発見され、各地点で製錬鍛冶（大鍛冶）をおこなっていた可能性がある。

1

2

3

擦文期の木製品

地形学的観点でみると、扇状地の末端から低地にかけて立地する構内では、湧水地から流れ出る水によって河川が形成されていたため、地下水が豊富に存在した。擦文期の埋没河道を調査すると、当時使っていた木製品が廃棄された状態で発見される。木製品は、本来、地表にあると急速に腐食してしまうが、地下水などで低温となった地層中において残存する傾向がある。(61)エルムトンネル地点では、擦文期の集落に隣接した河谷内で、カンジキ、木杵、櫛、わらじ、船の破片、容器類などが発見された。

また、⑩附属図書館本館再生整備地点の第1号竪穴住居址、(62)北キャンパス総合研究棟6号館地点などでは、竪穴住居の柱材が主柱穴で確認されている。柱材を放置して住居を廃棄した可能性がある。

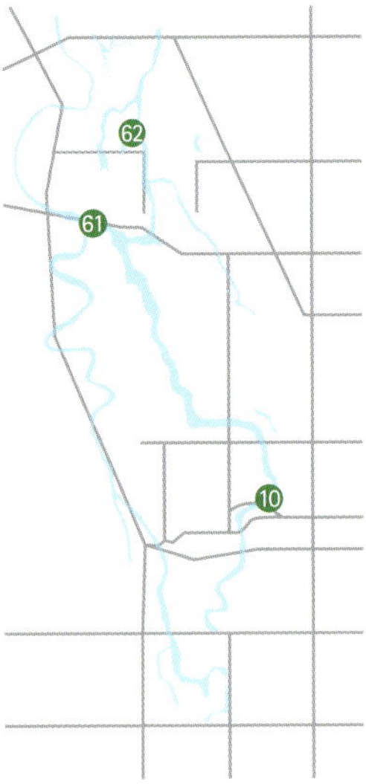

62
61
10

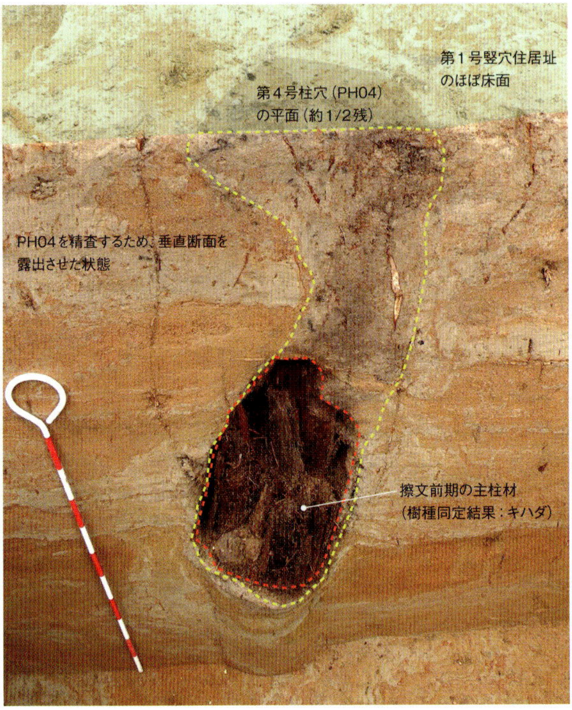

第1号竪穴住居址
のほぼ床面
第4号柱穴(PH04)
の平面(約1/2残)
PH04を精査するため、垂直断面を
露出させた状態
擦文前期の主柱材
(樹種同定結果:キハダ)

4

- - - - 柱材　　- - - - 柱穴(断面)

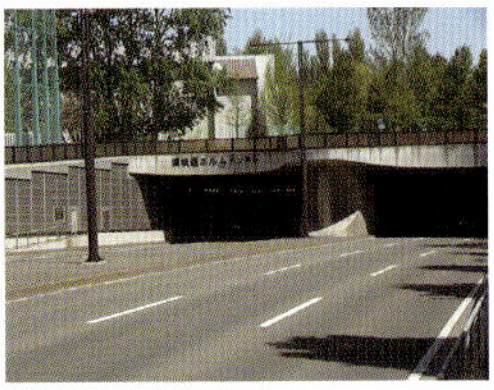

5

1. エルムトンネル地点・かんじき出土状況(札幌市教育委員会提供)
2. エルムトンネル地点・櫛出土状況(札幌市教育委員会提供)
3. エルムトンネル地点・木杵出土状況(札幌市教育委員会提供)
4. 附属図書館本館再生整備地点出土の主柱材の状態(8世紀後半)
5. 現在のエルムトンネル地点。これらの木製品は地下約1mからみつかった

刻書土器

60恵迪寮地点では、外面に文字が刻まれた坏1点が発見されている。木製のヘラによって焼成前に刻まれていたと考えられる「夫」の印は、蝦夷の夷の字が変形したとする「夷」の異体字、神に供献する際に利用した文字である「奉」の略字体など、多様な意味があると読みとられている。恵迪寮地点で発見された刻書土器の坏は、土器の製作方法の観察結果に基づくと、東北地方北部で製作され、北海道の遺跡にもたらされた道具の一つと考えられる。

奈良県〜青森県までの遺跡(8世紀代〜9世紀代)では、墨書や刻書によって土器の外面に記された「夫」が確認されている。(守屋)

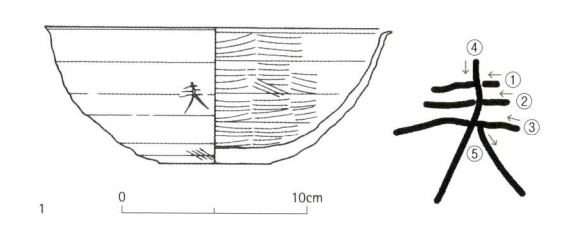

1

1. 恵迪寮地点出土の刻書土器の実測図と筆順
2. 恵迪寮地点出土の刻書土器
3. 現在の恵迪寮地点。この刻書土器はこの地下約0.5mからみつかった

3

2

K39遺跡附属図書館本館
北東地点出土の木杭

アイヌ文化期（約800~150年前）

本州や大陸との交易が活発化し、後に松前藩の影響が強まった時期。住居は竪穴式から平地式に、調理具は土器から鉄鍋になった。北大キャンパスには河川漁労の痕跡が見られる。

アイヌ文化期の漁獲施設

　サクシュコトニ川の上流部に位置する⑮附属図書館本館北東地点の調査では、深さ約1.8mの地点で4本の木杭がみつかった。うち3本の杭は約50cmの間隔を開けて1列に並び、さらにその後ろに1本の杭が配されていた。これらの杭は調査区の北東の端に位置し、調査区の外にも杭列が続いていると推定された。杭の放射性炭素年代測定では、16世紀後半〜17世紀初頭の年代が得られた。これらのことから、木杭列は川の流れを堰き止めて魚を捕獲するアイヌ文化期の漁獲施設の一部と考えられた。

　また、最新の研究では、これまで擦文期の漁獲施設と考えられてきた⑩恵迪寮地点出土の木杭列もアイヌ文化期に属する可能性が高まってきた。木杭は全て保存処理されていたため、通常の放射性炭素年代測定はできなかった。そこで、含浸されていた樹脂を抜き出して年代測定を試みた結果、杭材の中心部・外側とも15世紀中頃の年代が得られた。今後の研究によって、この施設の帰属時期が明らかにできると期待される。

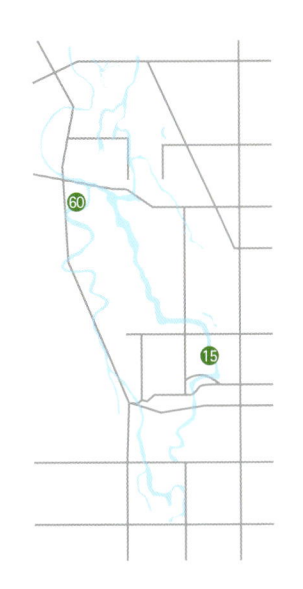

1. 附属図書館本館北東地点における木杭列検出状況
2. 恵迪寮地点における木杭列検出状況
3. 附属図書館本館北東地点出土の木杭

3

0   5cm

アイヌ文化期の木製品

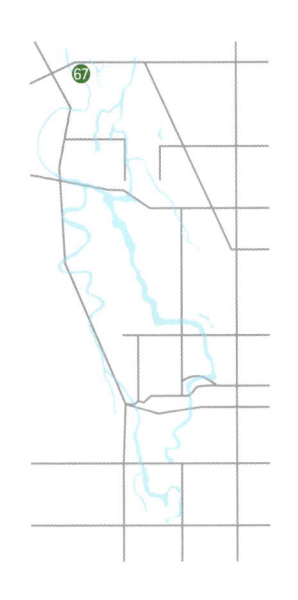

❻南新川国際交流会館外構地点では、埋没河道から板状木製品が出土した。短冊状で、上下の端が弧状に整形されたこの木製品は、形状から樽の蓋板と考えられる。一方で、両面にハツリ調整が施され、また木釘の痕跡が削られていることから、もともと別の製品として利用されていたものが、転用・再加工されていると考えられる。放射性炭素年代測定の結果では、17世紀後半〜20世紀中頃の範囲内との結果が得られた。また、この木製品は1739年に樽前山が噴火した際に堆積した樽前a火山灰（Ta-a）より下層から出土している。これらのことから、板状木製品の製作時期は17世紀後半〜18世紀前半、アイヌ文化期のものと考えられる。このほか、❷⑨工学部共用実験研究棟地点では擦文後期〜アイヌ文化期のものと考えられる木製品が同様に埋没河道から検出されているものの、構内遺跡から出土したアイヌ文化期の遺物は極めて少ない。

1

0   5cm

2

1. 南新川国際交流会館外構地点
   出土の木製品

2. 現在の南新川国際交流会館外
   構地点。写真の木製品はこの地
   下約0.9〜1.6mからみつかった

アイヌ文化期の遺物・遺構はなぜ少ないか?

⑮附属図書館本館北東地点で検出された16世紀〜17世紀に
サクシュコトニ川に設置された漁獲施設や、⑥恵迪寮地点で検
出された少なくとも15世紀中頃にも利用されたセロンペツ川
の漁獲施設は、アイヌ文化期にも現在の北大キャンパスが利用
されていたことを示す。また、㊾西門地点でも擦文終末期以降
に比定される土坑や礫などが検出されている。しかし、構内遺
跡から出土したアイヌ文化期の遺物・遺構は非常に少ない。

その理由は、近代以降の開発に伴う造成や、アジア・太平洋戦
争中に進められたキャンパス大部分の耕地化によって、当時の
遺物や遺構が失われてしまったためと考えられる。実際、1739
年に樽前山が噴火した際に堆積したはずの樽前a火山灰 (Ta-a)
は、埋没河道や湿地を除く構内遺跡のほとんどの場所で観察さ
れておらず、その前後の堆積層とともに失われてしまっている
と推定される。(江田)

1. 北23条外周樹林帯工事予定地
試掘調査区で検出された樽前a
火山灰。黒い土壌が堆積した埋
没河道 (写真左奥) の中に灰色
の樽前a火山灰が面的に認めら
れる
2. アジア・太平洋戦争末期の構内
耕作 (北海道大学大学文書館蔵)

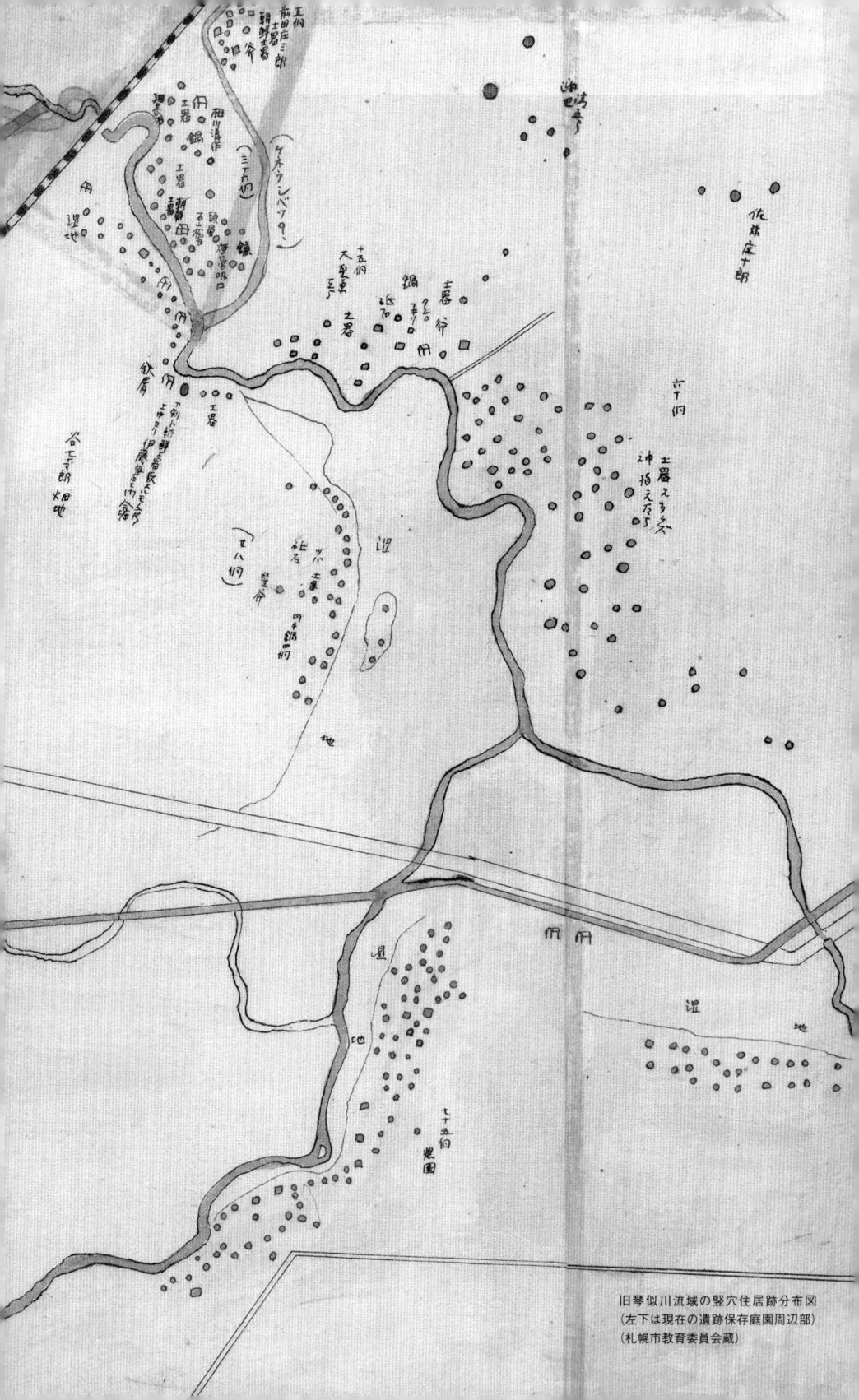

旧琴似川流域の竪穴住居跡分布図
（左下は現在の遺跡保存庭園周辺部）
（札幌市教育委員会蔵）

近代〜現代：「北大」を発掘する（約150年前〜）

北大の前身である札幌農学校は1876年に開校し、1903年に現在のキャンパスへ移転した。建物の建て替えなどに伴う発掘調査では、その歴史の一端に触れることができる。

キャンパスに残る北大の痕跡

北海道大学の前身である札幌農学校は明治9年（1876年）に開校した。開校当初北1条および北2条西2丁目にあったキャンパスは、明治36年（1903年）に現在の場所に移転した。その後、1907年に東北帝国大学農科大学、1918年に北海道帝国大学、1947年に北海道大学に移行しながら、キャンパスは北へと広がってきた。建造物の基礎や造営された地下室のほか、整地のための掘削や土砂の搬入、アジア・太平洋戦争中に作られた防空壕や構内農地もその痕跡を残している。

北海道大学埋蔵文化財調査センターでは、このような地中に残された北大の痕跡についても、重要な資料やデータとして可能な限り調査の対象としている。これらの内容は図面や写真、文字の記録に残されている場合もある一方、当時としては当たり前すぎたためか記録に残されなかった事柄もある。発掘調査によって新たな発見がもたらされることも数多い。

1. 東北帝国大学農科大学建物図（1910年）。建物は現在の北11条より南側に認められる。図右側が北（北海道大学大学文書館蔵）

2. 北海道帝国大学平面図（1918年頃）。大学病院を含む現在の医学部・歯学部・薬学部エリアの建物が増加したことが分かる。1910年に第2農場も現在の場所に移転された（北海道大学大学文書館蔵）

3. 理学部本館南側に構築された防空壕。同様の防空壕が構内のいたるところに構築されていた（北海道大学大学文書館蔵）

4. 北海道大学構内鉄道引込線（1955年頃）。1952～1964年の冬期間、北大で使用する石炭を輸送するSLが桑園駅から工学部北側の貯炭場までキャンパス内を走っていた（北海道大学大学文書館蔵）

5. ㉝総合研究棟（機械工学系）地点の北側土層断面。アスファルトの下に厚い造成層が認められた

6. 総合研究棟（機械工学系）地点の発掘調査。埋め込まれた基礎は擦文期の竪穴住居を貫き、より深層まで達していた

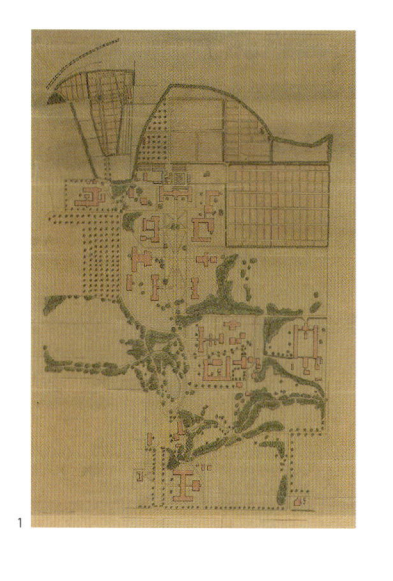
1

2

BP 140·

1

「北大」を掘る（1）排水暗渠

　排水暗渠は、水はけの悪い泥炭地を改良し、利用するために敷設された設備である。素焼きの土管を地中に埋めると、その周囲から土管の中に地下水が浸み込む。これによって土地の乾燥を促進させることができる。北大構内の発掘調査で発見された排水暗渠には、土管を縦につないだものと、細い木の枝を束ねた粗朶を敷いたものがみつかっている。このうち土管を用いた暗渠は、札幌農学校第4代教頭のウィリアム・P・ブルックスが紹介したもので、明治13年（1880年）に輸入した土管製造機で作成した土管を農校園に設置したのが始まりとされる。明治時代に農校園が位置した⓱地球環境科学研究科研究棟第1地点では、直列に配された円形の土管暗渠がみつかった。これに対して、大正時代と推定される㊴医学部百年記念館地点の暗渠では、管の接合部用のカラーや本暗渠と補助暗渠をつなぐY字分岐管も見つかっており、時代により設置される暗渠が異なっていたことが読み取れる。

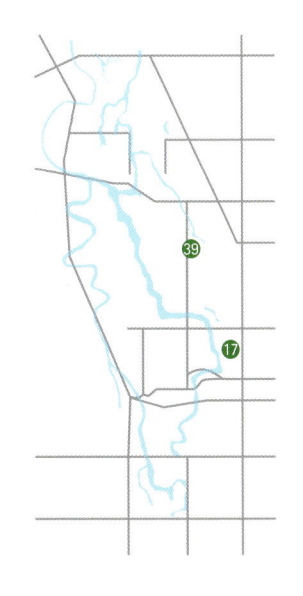

BP140-90

1. 医学部百年記念館地点出土の
   Y字分岐管

2. 医学部百年記念館地点における
   土管暗渠検出状況

3. 地球環境科学研究科研究棟第
   1地点における土管暗渠の検出
   状況

4. 地球環境科学研究科研究棟第
   1地点で検出された土管暗渠

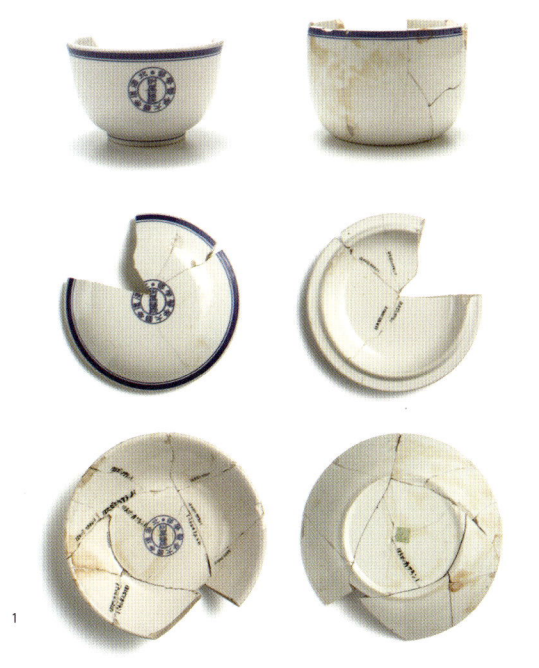

1. 大学病院ゼミナール棟地点出土の大学病院食器
2. 現在の大学病院ゼミナール棟地点。写真の食器はこの地下約0.8〜2.0mからみつかった

0　　　5cm

「北大」を掘る（2）大学病院食器

❹大学病院ゼミナール棟地点では、近代の投棄坑から大量の資料が検出された。深さ約1.2m、上場の幅が約2.0mのこの溝は、埋没状態や資料の残存状態から、比較的短期間に投棄されたと考えられる。発見された資料の大半は硬質陶器で、それ以外にガラス製の試験管や注射針、ポマード容器、ウィスキー瓶、おはじき、プラスチック製の医薬品広告付きのカレンダーなどが含まれていた。カレンダーは昭和14年（1939年）と昭和15年の2点があり、そのころ投棄されたと推定できる。硬質陶器の生地は黄色味を帯びた白色で、透明釉が施されている。陶器には椀、皿、湯呑み、蓋が含まれ、「北海道帝國大學醫学部・附属醫院」のマークが入ったものもある。印字はいずれも日本硬質陶器（現ニッコー）の製品であることを示しており、また印字のないものもその器形や意匠、透明釉等の類似性から同社の製品と考えられる。同社に大量発注・納品されていたことが伺える。(江田)

BP80

これからの大学埋蔵文化財センター

　北大をはじめとして、東北大学、東京大学、京都大学、大阪大学、岡山大学、九州大学など
の国立大学のキャンパスは「埋蔵文化財包蔵地」として遺跡台帳に登載されている。明治以
降に建学された国立大学の多くは各地方の中核となる都市に所在している。

　近世以前にさかのぼるそれらの都市の発展の歴史は、大地にその痕跡をとどめている。
札幌市の地下にも明治期の開拓使の時代やアイヌ文化期、擦文文化、縄文文化へとさかのぼ
る人類文化の痕跡が残されている。今日、伝統的な都市では再開発工事に際して地下に眠る
これらの埋蔵文化財をいかに取り扱うかの課題に直面している。多くの場合は行政的な緊
急発掘が行われて記録保存され、その後に取り壊される。時には遺跡を現状保存するために
工事計画が変更されることもあるが、それは都市部であるがゆえに極めて難しい選択肢で
ある。このように言うと、埋蔵文化財は開発工事にブレーキをかける厄介者のように思われ
がちである。しかし、その存在と緊急発掘のための期間や費用を予め的確に把握したうえで
工事計画を立てることができれば、工事の進捗に大きな支障をきたすこともなく発掘を実
施することが可能になる。札幌市街地に位置する北大も同様の課題を共有している。

　現在、北大埋蔵文化財調査センターでは計画発掘調査と開発工事に伴う緊急発掘調査と
を実施している。大学キャンパスといった限定された土地ではあるが、その地域・土地にお
ける多層的な人類史的な研究課題を予め明確に定めておき、緊急発掘に際してはそれらの
課題の一つ一つを解明するべく発掘を計画・実施する。また、緊急発掘のない期間には、上
記の研究課題の内容を深化させ精緻なものとするための計画発掘調査を行う。発掘された
資料群の学術資源としての価値を高めるための研究を行い、同時にその実践を学内外での
教育の機会と連携させることによって地域資源としての活用を試みる。これからの大学埋
文センターは、伝統的な都市における再開発事業と埋蔵文化財の保存・活用とを両立させ
るための喫緊の課題に対して、このような調査・研究・教育の実践を新たなモデルケース
として提供する役割を果たさなければならない。(小杉)

現代の北大札幌キャンパス

生業の変遷と多様性

北大キャンパスに生きた人々の暮らしは、周囲の自然環境や他地域の文化からの影響等によって変化してきた。ここでは、5つの観点からその変遷と多様性を探る。

「北大札幌キャンパス遺跡群」、その分布と動態

　北大札幌キャンパスの南半にはK39遺跡が、かつて第二農場が広がっていたキャンパス北側にはK435遺跡が、そして植物園にはC44遺跡が位置している。これらは個別の遺跡というよりは、それぞれの中に複数の人類活動の痕跡が濃密にとどめられており、全体として「北大札幌キャンパス遺跡群」と呼ぶのにふさわしいものである。

　キャンパスが広がる札幌駅の北側は、豊平川扇状地の扇端から低地に移行するそのすぐ先に位置している（P12参照）。縄文海進で内陸深く入り込んだ古石狩湾は、やがて海退へと向かい、現札幌市街地の北側は徐々に沼沢地へと変わってゆく。小河川が網目状にはしり、季節的な洪水砂の堆積を繰り返しながら高燥化へ向かった土地である。共時的な遺跡群すなわち各時期の分布状態は、この地域の地形発達と密接に関係している。キャンパス周辺の諸遺跡の分布状況も共に考慮するべきではあるが、ここでは便宜的に「北大札幌キャンパス遺跡群」を1つのまとまりとして、その中を6つの地域に区分して各時期の共時的遺跡群のひろがりと通時的な動態を概観する。

　まずⅡ区の一角に縄文中期の活動地点（⑲）が出現する。Ⅱ区には縄文晩期から続縄文前半期の遺跡が集中する。この間にⅡ区内のサクシュコトニ川左岸域では季節的な生業活動のキャンプ地から通年居住が可能になる定住地への高燥化が進む（⑫）。また、Ⅳ区では「埋没河道A」が発見されているが、その堆積土中には縄文後期から続縄文前半期の遺物が包含されており、周辺や上流部には同時期の人類活動の痕跡の存在が予測される。つづく続縄文後半期には、Ⅱ区での活動痕跡は希薄になり、その中心はⅣ区からⅥ区へとのびる「埋没河道A」流域へと移ってゆくが、その末葉の「北大期」には希薄化し、新たにⅡ区に活動痕跡の中心が移る。Ⅱ区に活動痕跡が集中する傾向は擦文前期に引き継がれるが、続く中期には希薄化してしまう。一方、擦文前期にⅤ区とⅥ区に現れた活動地点

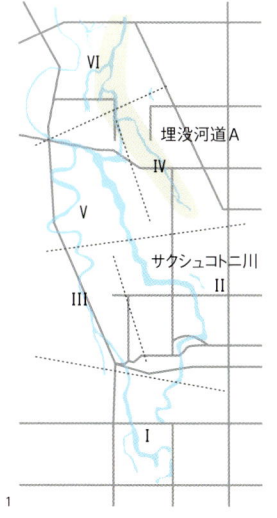

1. サクシュコトニ川の流路からみた北大キャンパスの土地区分（Ⅰ〜Ⅵ）

2. 北大構内の主な調査地点の各期における利用状況。擦文期は住居のある地点、近代は人工物のある地点を示す。地点番号の数字はP81の番号と対応

は各区域内で中期、後期へと継続する。擦文中期以降、全体としての活動痕跡の数は減少するが、地域的な中核をなす少数の規模の大きな遺跡の存在が目立ってくる（㉖・㊺〜㊽など）。アイヌ文化期の遺跡の発見数はごくわずかであるが、包含層が現地表面に近いので近代以降の活動痕跡と重複している可能性が考えられる（P71参照）。（小杉）

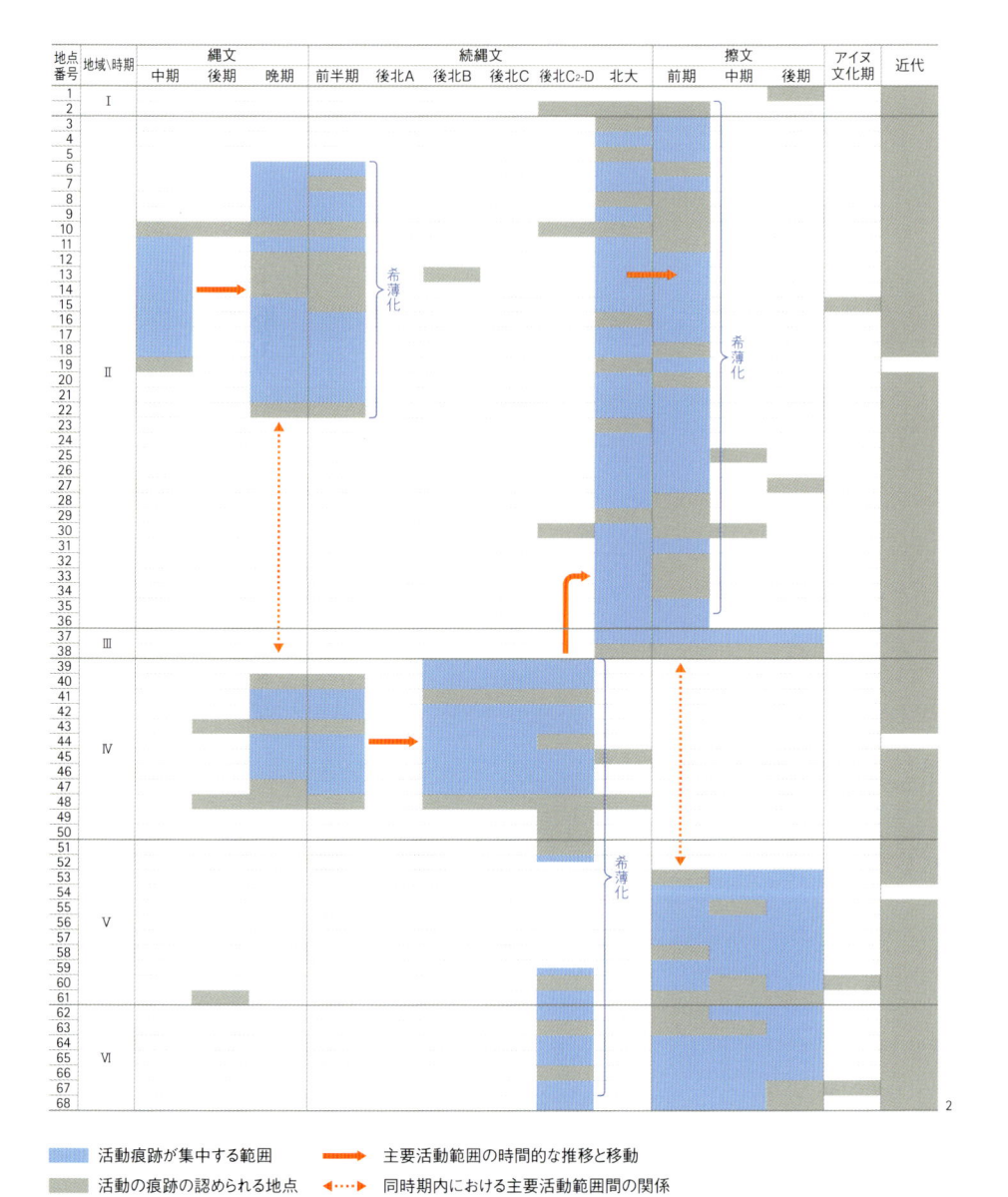

住居址の変化

　北大構内の遺跡では、縄文文化およびアイヌ文化期の住居址は確認されていないが、北海道の遺跡における住居址の変化（北海道教育委員会2018）を垣間見ることができる。

　続縄文前半期では、⓬人文・社会科学総合教育研究棟地点で竪穴住居址12基が3つの地層から（下から14a層、13b層、12c層）発見されている（小杉ほか2004）（P25〜P27参照）。14a層では、直径約3mの円形竪穴で、中央に炉址（もしくは石組み炉址）が設置された竪穴住居3基が確認された。一方、13b層および12c層では、竪穴が柄鏡形である住居址9基が発見された。それらの竪穴住居址では、掘り込みが約10cmと比較的浅く、長軸約4m〜約7mの円形もしくは楕円形の竪穴、舌状部（舌状の張り出し）と呼称される掘り込みがみられ、円形竪穴の中央部に石組み炉址が存在する。続縄文期前半の住居では、竪穴平面が円形から柄鏡形に変化したと明らかになった。

　続縄文後半期では、竪穴住居址が構内の遺跡で確認されていない。小河川に隣接した場所に屋外炉を設置したキャンプ址がみられる。

　擦文期では、サクシュコトニ川、セロンペツ川沿いに約117基の竪穴住居址が発見されている（P51参照）。擦文期の竪穴住居址では、竪穴の平面がほぼ四角形で、その一辺でカマドが設置されていた。竪穴の掘り込みは約40cm〜約50cmの深さである。竪穴住居の内部施設として、屋根を支える主柱穴（2基〜4基）、屋内炉址（多くが竪穴の中央部分にあり）、貯蔵穴址（多くがカマドの傍ら部分にあり）がみられる。擦文期の住居は、東北地方北部で発見された竪穴住居址と共通する特徴がみられ、東北地方から北海道地方にもたらされた居住形態と考えられている。

　構内の遺跡ではアイヌ文化期の住居址が確認されていないが、平取町、厚真町、千歳市の遺跡で確認されている平地住居址があったと考える。近代以降の開発による造成によって、当時の遺構が確認し難い状態と推定される。（守屋）

●住居址の変化（北大構内の遺跡：続縄文期〜擦文期）

続縄文前半期

■	柱穴
■	焼土
■	炭化物集中
■	礫
■	掘り上げ土

舌状部（出入口）

0　　2m

竪穴住居址：平面形が円形、柄鏡形となる。
調理施設　：竪穴内部で炉址（石組み炉）がある。
柱穴　　　：直径5cmの柱穴址が竪穴内外にある。
人文・社会科学総合教育研究棟地点第7号竪穴住居址の平面図

続縄文後半期

竪穴住居址は、北大構内の遺跡（および北海道の遺跡）ではほとんど確認されていない。屋外炉で調理などをしたキャンプ址が主体である。

擦文期

■	カマド範囲
■	主柱穴

出入口

0　　2m

竪穴住居址：平面形がほぼ方形となる。
調理施設　：カマドが設置される。
柱穴　　　：竪穴内部で四つの主柱穴がある。
薬学部研究棟地点第1号竪穴住居址の平面図

黒曜石利用の変化

　火山ガラスの一種である黒曜石は、火山活動に伴って生成されるので、原則として産地ごとに異なる化学組成を示すという特性がある。遺跡から発見された考古資料と産地ごとの化学組成の異同については、放射化分析や蛍光X線分析などの方法を使って分析されてきた。北海道内には20箇所をこす黒曜石産地の存在が知られているものの、産出量が多く、また広範囲にまたがる遺跡で利用が確認されているのは、4箇所に限られる。白滝（赤石山・十勝石沢）・置戸（所山・置戸山）・十勝（上士幌・美蔓）・赤井川である。遺跡から発見された黒曜石の産地を調べることは、黒曜石の入手にかかわる行動や流通のネットワークを把握することを可能にするという点で、考古学的に大きな意味をもつ。北大構内において縄文晩期から続縄文期にかけて残された複数の地点でも多数の黒曜石製石器が出土している。一方、最も近い黒曜石産地である赤井川でも直線距離にして50kmを超すため、これらの黒曜石は相当な距離を運ばれてきたことになると考えられる。

　北大構内の遺跡から発見された423点の黒曜石製石器を対象に蛍光X線分析を実施し、産地を調べた。分析対象とした資料は、出土している代表的な石器型式を網羅するように抽出している。グラフは産地が特定できなかったものを除いた分析結果である。続縄文期のうちⅠ期は砂沢・二枚橋式期併行、Ⅱ期は恵山式期併行、Ⅲ期は後北A～C₁式期、Ⅳ期は後北C₂-D式期、Ⅴ期は北大式期である。分析の結果、赤井川産の黒曜石がどの時期においても最も多く利用されていることがわかった。一方、遠隔地の産地としては、道東の白滝産のものの変化が興味深いといえる。続縄文Ⅱ期の頃までは白滝から一定量の黒曜石が運ばれてきている一方、Ⅲ期以降、その比率が極端に減少する。時期が新しくなるにつれ、黒曜石を入手する範囲が次第に手近な範囲になっていくという傾向が読み取れる。この変化の背景として、道央と道東を結んでいたネットワークの変質などが推測される（髙倉2013）。（髙倉）

●黒曜石の時期別産地の割合

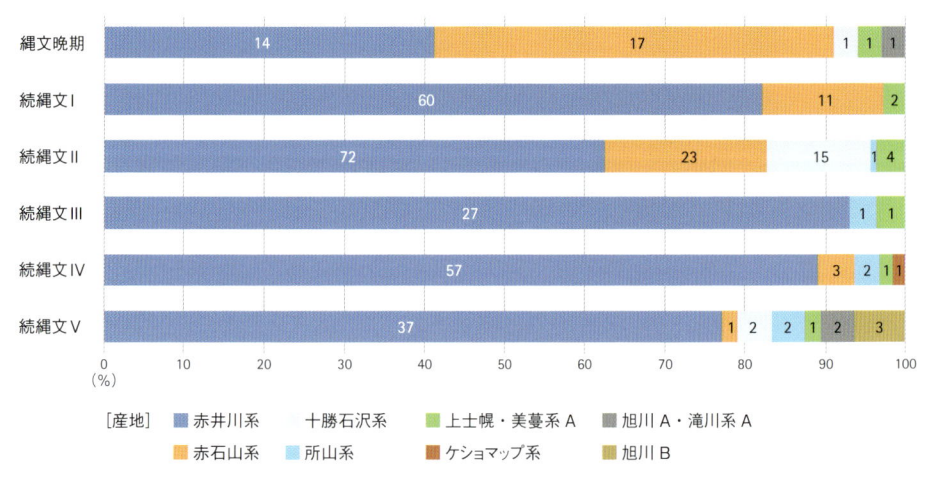

植物利用の変化

　北大構内では、縄文文化の終わりころから続縄文文化にかけて遺構・遺物が増えはじめる。このころ、食料としてもっとも重要な植物はクルミ属（オニグルミ）であったことが遺跡出土の炭化種子から理解できる（2・3）。とくに焼土（しょうど）とよばれる焚き火のあとを発掘すると、移植ゴテが引っかかってスムーズに掘り進めることができないほどたくさんのクルミの殻が含まれていることが実感できる。このほか、ブドウ属（ヤマブドウ）、マタタビ属、キハダ属なども頻繁にみられるが、これらは主食というよりも副菜や薬用などとしての意味が大きかったのであろう。

　植物利用の最大の画期は擦文期にある。⓰恵迪寮地点の例がよく示しているように、この時期にアワ、キビ、ヒエ属、オオムギ、コムギがそろって出土するようになる。当時の畑跡はまだ見つかっていないが、氾濫原の土地条件は畑作に適しているため北大構内の遺跡でも本州島から導入されたこれら穀類が耕作されていた可能性は十分にある。種子の出土量から判断すると、アワとキビがもっとも重要であったと推定される。

　発掘例がほとんどないため、アイヌ文化期の様相は北大構内ではよくわかっていない。ただ、道南を中心に多数の畑跡が確認されており、17世紀半ばまでは地域によっては比較的大規模に畑作が行われていたらしい。

　イネは恵迪寮地点や⓱エルムトンネル地点で出土しているが、北海道内の他地域と比較しても稀な例であることから、これらは擦文文化内で栽培されたものではなく本州島からの輸入品と評価されている。北海道島の稲作は近世・近代でさえも困難をきわめたが、現在の隆盛ぶりは20世紀後半〜21世紀に植物利用のもう一つの画期があることを示している。もちろん、そのまえの19世紀後半に政府や札幌農学校が主導してすすめた近代的な大規模畑作の導入も、長期的な植物利用史のなかでは決定的に重要な変化点であったことも忘れてはならない。（高瀬）

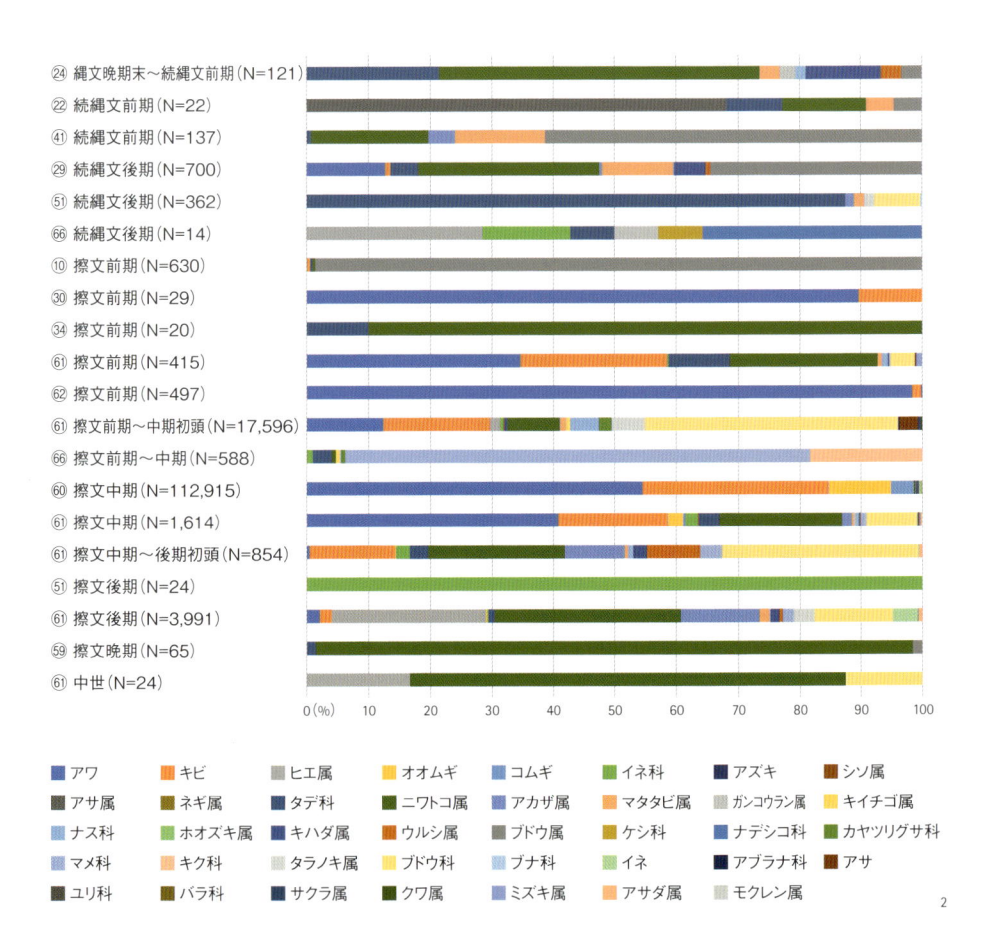

	アワ		キビ		ヒエ属		オオムギ		コムギ		イネ科		アズキ		シソ属
	アサ属		ネギ属		タデ科		ニワトコ属		アカザ属		マタタビ属		ガンコウラン属		キイチゴ属
	ナス科		ホオズキ属		キハダ属		ウルシ属		ブドウ属		ケシ科		ナデシコ科		カヤツリグサ科
	マメ科		キク科		タラノキ属		ブドウ科		ブナ科		イネ		アブラナ科		アサ
	ユリ科		バラ科		サクラ属		クワ属		ミズキ属		アサダ属		モクレン属		

地点・時期	クリ属	ブナ科	クルミ属
㉒ 縄文晩期末～続縄文前期			0.8
㉒ 続縄文前期			79.4
㉙ 続縄文後期			123.8
㊻ 続縄文後期			52*
㊰ 続縄文後期			0.7
㊵ 続縄文後期			1*
㊿ 擦文前期			683.8
㊶ 擦文前期			8.5
㊶ 擦文前期～中期初頭	0.5		157.7
㉕ 擦文中期			24*
㊶ 擦文中期			17.1
㊶ 擦文中期～後期初頭	1.5	0.3	58.7
㊶ 擦文後期	1.5		229.1
㊶ 中世			0.2

1. キビ、アワ、オオムギ、コムギの炭化種子（各0.5g・原寸）

2. 北大構内の遺跡（K39, K435）から出土した主要な炭化種子。その他はタラノキ属、カヤツリグサ科、ガンコウラン属、キク科などを含む。総数10個以上が出土しているものを掲載（*は破片数を示す。）

3. 北大構内の遺跡（K39, K435）から出土した堅果類の重量（g）

※地点番号はP81の図と対応。

動物利用の変化

　北大構内の土壌は、日本列島の大部分と同様、骨などの有機物の保存に適さない。そのため、出土する骨は火を受けて無機質化した「焼骨」に限られる。焼骨は炉やカマドのほか、焼けた土や炭化物の密集した場所からみつかっている。断片化した焼骨の同定は困難を極める。しかし、これまでに魚類ではサケ科やコイ科、トゲウオ科、チョウザメ科、ニシン科など、鳥類ではカモ科とスズメ目、哺乳類ではヒグマ、エゾシカ、キタキツネなどが確認されている。また、骨の表面や断面の形態的特徴から、おおまかに魚類や鳥類、哺乳類、さらに哺乳類の中でも陸棲と海棲（イルカやオットセイなど）が識別されている。

　北大構内の各地点から出土した骨の総重量を時期ごとに比べると、続縄文前半期では哺乳類がそのほとんどを占める。続縄文後半期ではサケ科の出土量が増えるものの、依然として哺乳類のほうが多い。同様の傾向は擦文前期でもみられる。擦文前期末〜中期初頭になるとサケ科の出土量が約90%を占めるほど多くなる。北大構内を流れるサクシュコトニ川やセロンペツ川にはサケ科が遡上していたとされる。擦文前期末以降、遺跡周辺を主な舞台としたこれらの遡河性のサケ科の利用がより活発になったと考えられる。サケ科が卓越する傾向はその後アイヌ文化期まで続く。サケ科を中心とした河川漁労は続縄文期から擦文期の道央地域で盛んに行われていたとされる。また、海洋に生息するニシン科や海棲哺乳類などの骨が続縄文後半期以降わずかずつ認められ、河口あるいは沿岸域での漁労や狩猟の獲物も構内遺跡に持ち込まれていたことが読み取れる。

　サケ科の骨を椎骨、歯、そして頭部から胸鰭を構成する部位骨に分けて時期および遺構ごとに総重量を比べると、いずれの時期でも屋外炉では部位骨の割合が高い。対して屋内炉とカマドでは椎骨の割合がより高い。このことは、サケ科の解体や保存のための加工、さらに調理の場として、屋外炉が屋内炉やカマドと異なっていたことの反映と考えられる。（江田）

1. ㉙恵迪寮地点から出土したサケ科の焼骨（1g・原寸）

2. 各時期の包含層から出土した各分類群の骨の重量比（%）

3. 各時期・各遺構から出土したサケ科の骨に占める椎骨、部位骨、犬歯状歯の重量比（%）　青：屋外炉、緑：屋内炉、茶：カマド。×：続縄文後半期、◆：擦文前期、●：擦文前期末〜中期初頭、△：擦文中期、■：擦文中期末〜後期初頭、▲：擦文後期、□：アイヌ文化期

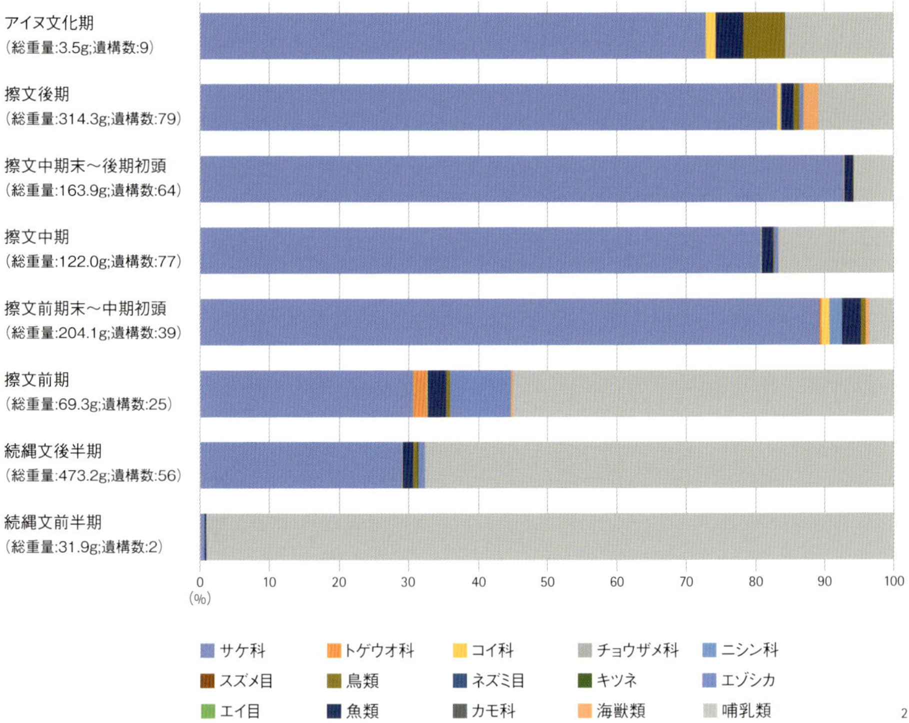

アイヌ文化期
(総重量:3.5g;遺構数:9)
擦文後期
(総重量:314.3g;遺構数:79)
擦文中期末～後期初頭
(総重量:163.9g;遺構数:64)
擦文中期
(総重量:122.0g;遺構数:77)
擦文前期末～中期初頭
(総重量:204.1g;遺構数:39)
擦文前期
(総重量:69.3g;遺構数:25)
続縄文後半期
(総重量:473.2g;遺構数:56)
続縄文前半期
(総重量:31.9g;遺構数:2)
0 10 20 30 40 50 60 70 80 90 100
(%)
サケ科
トゲウオ科
コイ科
チョウザメ科
ニシン科
スズメ目
鳥類
ネズミ目
キツネ
エゾシカ
エイ目
魚類
カモ科
海獣類
哺乳類
2

犬歯状歯
椎骨
部位骨
屋外炉
80
60
40
(%) 20
20 (%)
40
60
80
80
60
40
20 (%)
3

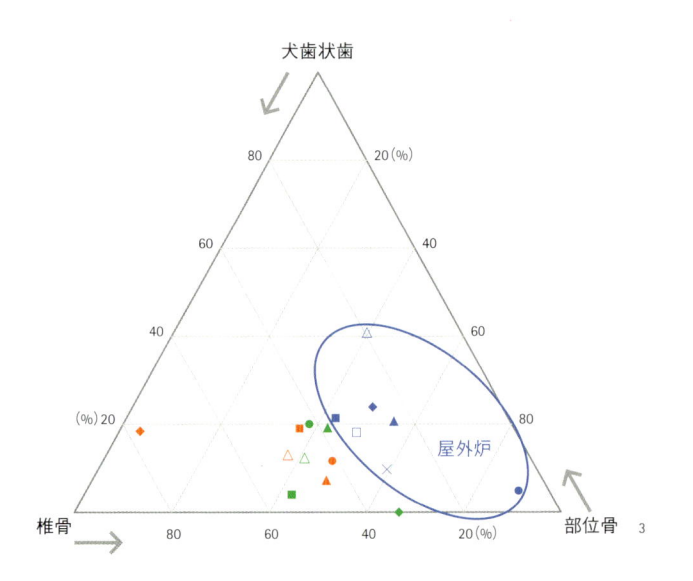

引用・参照文献

岩沢健蔵1986『北大歴史散歩』北海道大学出版会

上野秀一・中田裕香・平川善祥・越田賢一郎・石川直章・藤井誠二・石井 淳1999「擦文土器集成」『海峡と北の考古学 シンポジウム・テーマ2・3資料集Ⅱ』日本考古学協会1999年度釧路大会実行委員会編 287-322 日本考古学協会

小泉 格・林 謙作2000『北大構内の遺跡11』北海道大学

河野広道1935「北海道石器時代概要」 ドルメン第4巻第6号 524-532 岡書院

小杉 康2002『北大構内の遺跡XII』北海道大学

小杉 康2003「札幌キャンパスの地形と遺跡」『北大百二十五年史 通説編』北海道大学百二十五年史編纂室編 306-312 北海道大学

小杉 康2003『北大構内の遺跡XIII』北海道大学

小杉 康・高倉 純・守屋豊人2004『K39遺跡人文・社会科学総合教育研究棟地点発掘調査報告書Ⅰ』北海道大学

小杉 康・高倉 純・守屋豊人2005『K39遺跡人文・社会科学総合教育研究棟地点発掘調査報告書Ⅱ』北海道大学

小杉 康・高倉 純・守屋豊人2006『北大構内の遺跡XIV』北海道大学埋蔵文化財調査室

小杉 康・高倉 純・守屋豊人2008『北大構内の遺跡XV』北海道大学埋蔵文化財調査室

小杉 康・高倉 純・守屋豊人2009『北大構内の遺跡XVI』北海道大学埋蔵文化財調査室

小杉 康・高倉 純・守屋豊人2010『北大構内の遺跡XVII』北海道大学埋蔵文化財調査室

小杉 康・高倉 純・守屋豊人・荒山千恵2011『北大構内の遺跡XVIII』北海道大学埋蔵文化財調査室

小杉 康・高倉 純・守屋豊人2011『K39遺跡工学部共用実験研究棟地点発掘調査報告書』北海道大学埋蔵文化財調査室

小杉 康・高倉 純・守屋豊人2012『北大構内の遺跡XIX』北海道大学埋蔵文化財調査室

小杉 康・高倉 純・守屋豊人・坂口 隆2013『北大構内の遺跡XX』北海道大学埋蔵文化財調査室

小杉 康・高倉 純・守屋豊人・坂口 隆・遠部 慎・本山志郎2015『北大構内の遺跡XXI』北海道大学埋蔵文化財調査室

小杉 康・高倉 純・守屋豊人・坂口 隆・本山志郎2016『北大構内の遺跡XXII』北海道大学埋蔵文化財調査センター

小杉 康・高倉 純・守屋豊人・坂口 隆・本山志郎2017『北大構内の遺跡XXIII』北海道大学埋蔵文化財調査センター

小杉 康・高倉 純・守屋豊人・本山志郎2018『北大構内の遺跡XXIV』北海道大学埋蔵文化財調査センター

小杉 康・高倉 純・守屋豊人2019『北大構内の遺跡XXV』北海道大学埋蔵文化財調査センター

榊田朋広2016『擦文土器の研究-古代日本列島北辺地域土器型式群の編年・系統・動態』北海道出版企画センター

札幌市埋蔵文化財センター2000『K435遺跡 第2次調査』札幌市文化財調査報告書63 札幌市教育委員会

札幌市埋蔵文化財センター2001『K39遺跡 第6次調査』札幌市文化財調査報告書65 札幌市教育委員会

札幌市埋蔵文化財センター2002『K39遺跡 第9次調査』札幌市文化財調査報告書69 札幌市教育委員会

髙倉 純2013「黒曜石はどこから運ばれてきたのか？」『第6回北海道大学埋蔵文化財調査室調査成果報告会要旨集』北海道大学埋蔵文化財調査室

塚本浩司2002「擦文土器の編年と地域差について」『東京大学考古学研究室研究紀要』17 145-184 東京大学考古学研究室

名取武光1939「北海道の土器」 特集「土器の研究」1-42人類学・先史学講座第10巻 雄山閣

新岡武彦1931「本道石器時代最後の遺物」蝦夷往来 創刊号 13-16

北大調査團1955「北大遺跡について」北方文化研究報告10 1-26

北海道教育委員会2018「北海道の竪穴群の概要」北海道教育庁

北海道大学1980-1982『北大百年史』ぎょうせい

北海道大学百二十五年史編集室2003『北大百二十五年史』北海道大学

北海道大学埋蔵文化財調査室1986『サクシュコトニ川遺跡1本文編』北海道大学

北海道大学埋蔵文化財調査室1986『サクシュコトニ川遺跡2図版編』北海道大学

松枝大治編2011『北海道大学総合博物館企画展示 豊平川と私たち その生いたちと自然』北海道大学総合博物館

八幡正弘・大津 直・川上源太郎・広瀬 亘2011「豊平川扇状地―人々の暮らす台地の形成―」『北海道大学総合博物館企画展示豊平川と私たち その生いたちと自然』松枝大治編 26 北海道大学総合博物館

吉崎昌一・岡田淳子1981『北大構内の遺跡1』北海道大学

吉崎昌一・岡田淳子1983『北大構内の遺跡2』北海道大学

吉崎昌一・岡田淳子1984『北大構内の遺跡3』北海道大学

吉崎昌一1985『北大構内の遺跡4』北海道大学

吉崎昌一・岡田淳子1987『北大構内の遺跡5』北海道大学

吉崎昌一・岡田淳子1988『北大構内の遺跡6』北海道大学

吉崎昌一1989『北大構内の遺跡7』北海道大学

吉崎昌一1990『北大構内の遺跡8』北海道大学

吉崎昌一1991『北大構内の遺跡9』北海道大学

吉崎昌一1995『北大構内の遺跡10』北海道大学

執筆者 (50音順)

江田真毅 (えだ・まさき)
北海道大学総合博物館准教授。筑波大学人文学類卒、東京大学大学院農学生命科学研究科博士課程修了。博士 (農学)。日本学術振興会特別研究員 (PD)、鳥取大学医学部助教、北大総合博物館講師を経て、2019年から現職。

小杉 康 (こすぎ・やすし)
北海道大学大学院文学研究院教授。北海道大学埋蔵文化財調査センター長併任。明治大学大学院文学研究科博士後期課程単位取得退学、日本学術振興会特別研究員 (DC)、国立歴史民俗博物館外来研究員、明治大学文学部助手を経て、現職。

髙倉 純 (たかくら・じゅん)
北海道大学埋蔵文化財調査センター助教。北大大学院文学院考古学研究室併任。北海道札幌市生まれ。北大大学院文学研究科博士課程修了。博士 (文学)。

高瀬克範 (たかせ・かつのり)
北海道大学大学院文学研究院准教授。北大文学部史学科卒、北大大学院文学研究科博士課程修了。博士 (文学)。岩手県埋蔵文化財センター、東京都立大学人文学部、明治大学文学部を経て、2011年から現職。

守屋豊人 (もりや・とよひと)
北海道大学埋蔵文化財調査センター特任助教。静岡県袋井市生まれ。奈良大学文学部文化財学科卒業、明治大学大学院文学研究科修了。修士 (文学)。静岡県沼津市教育委員会、北大施設部特定専門職員を経て、2018年から現職。

山本正伸 (やまもと・まさのぶ)
北海道大学大学院地球環境科学研究科准教授。東北大学大学院理学研究科博士課程前期修了。通商産業省工業技術院地質調査所研究員、北大大学院地球環境科学研究科助教授を経て、2007年から現職。博士 (理学)。

写真

石崎幹男 (いしざき・みきお)
札幌を拠点に活躍する写真家。1996年日本新聞協会賞、2001年全北海道広告協会最優秀賞などを受賞。標本を科学者の目だけでなく、ARTとして表現している。

イラスト

植松淳子 (うえまつ・じゅんこ)
北海道大学総合博物館研究支援推進員。多摩美術大学デザイン科グラフィックデザイン専攻卒業。シャープ株式会社総合デザイン部デザインセンターを経て、2018年から現職。

デザイン

新谷意匠研究室

考古学からみた北大キャンパスの5,000年

発行日 2019年7月18日 第1刷発行
編著者 江田真毅・小杉 康
発行所 中西出版株式会社
 札幌市東区東雁来3条1丁目1番34号 〒007-0823
 Tel.011-785-0737 Fax.011-781-7516
印刷 中西印刷株式会社
製本 石田製本株式会社

ISBN978-4-89115-365-6 ©2019 江田真毅・小杉 康